ウエーブレットと確率過程入門

謝　衷潔・鈴木　武　共著
Zhongjie Xie　Takeru Suzuki

内田老鶴圃

序　文

ウエーブレット解析はそれが誕生して以来，その数学的発展とともに，画像処理，データ通信などといった主に工学分野において広範な応用がなされ，数々の目覚しい成果が得られていることは一般によく知られている．しかしながらウエーブレットが確率論，統計学分野と関わる領域における理論的および応用的研究の内容は，注目されるべき分野であるにもかかわらず，一般にはあまりよく知られていない．

本書の目的は，学生および一般読者の方々を対象に，ウエーブレットとはどのようなものか，そしてウエーブレットが統計学，確率論とくに確率過程とどのように関連しているのかを，具体例を多く挙げながら一歩一歩ていねいに説き明かすことである．

本書は理工系（とくに数理科学，情報科学系），経済系の大学学部 3 年生程度から大学院生，研究者，技術者，エコノミスト，教師，およびウエーブレットに関心のある一般読者に対する教科書，参考書となることを念頭において書かれている．

本書の内容は，著者の一人（謝）が早稲田大学で大学院生を対象に行った集中講義（1997 年），および北京大学大学院課程で行ってきた講義（1997 年～）の内容を母体としている．さらにそれに共著者（鈴木）がいくつかの内容を追加して出来上ったものである．ページ数の制約のため，本書では確率過程におけるウエーブレットの発展のすべての側面を述べることは困難であり，いくつかの主要な結果のみを紹介した．本書によって読者はウエーブレットと確率過程における非常に重要な手法と理論を学ぶことができるはずである．もし本書を注意深く読み，本書で紹介された理論と手法を真に理解するならば，読者はこの分野における研究を新たに展開する上での強固な土台を得たことになるであろう．

ウエーブレットは画像処理や空間確率モデル（spatial stochastic model）に応用されて大変成功している．応用の観点からは，これらの話題も本書で紹介したかったが，数学的厳密さをもって述べようとすると膨大なページ数を必要とし，残念ながら割愛せざるを得なかった．

本書の内容を簡単に紹介すると，0 章では初めてウエーブレットを学ぶ読者のために，ウエーブレットをフーリエ変換やガボールの窓フーリエ変換と対比させながら，その特徴について説明している．1 章から 5 章までが本書の骨格をなす部分である．1 章では多重解像度解析の説明から始め，(マザー)ウエーブレット，スケーリング関数などの基本的概念について，後で用いる多くの重要な例を交えながら，基礎から順を追って述べられる．2 章では定常増分確率過程とウエーブレットの関係が述べられる．これに関連して，応用上重要な確率過程である非整数ブラウン運動や，$1/f$ 過程についても触れられる．3 章では Brillinger (1996) で展開された，キュミュラントの手法を用いた回帰関数の推定について述べられる．この手法はウエーブレットに関心のある研究者にとって注目すべき有力なものである．4 章は回帰関数の跳躍点の検出をあつかう．ウエーブレットを用いた手法，およびその他のいくつかの方法を述べ，それらを比較してウエーブレットによる手法の良さを論じている．5 章では，ウエーブレットと確率・統計分野の接点において近年に得られた成果が，証明は省かれ結果のみについて紹介されている．本書でとり上げられた話題は一部にすぎないが，読者は本章を読むことによって，この分野における最近の発展の大よその内容を知ることができると思われる．6 章は，0～5 章の中で用いられる実解析，確率過程論における基本概念および定理などについての補足説明に当てられている．

本書の出版に際しては多くの方々のお世話になった．早稲田大学の草間時武教授は本書の出版を勧めて下さり，暖かい激励と支援を頂いた．早稲田大学（現慶應義塾大学）の加藤　剛講師には本書の原稿の内容の一部について丹念に目を通して頂き，誤りの箇所の指摘，および貴重な御意見を頂いた．早稲田大学大学院博士課程の蛭川潤一氏には全体の原稿を読んで頂き，一部誤りの箇所を指摘して頂いた．早稲田大学大学院生の玉置健一郎氏は研究室の計算機環境の整備に尽力され，本書の原稿作成の段階で大いに助けとなった．鹿島建設(株)佐々木文夫博士，および早稲田大学の清水義之教授には，セミナー等を通してウエーブレットに関して貴重な御意見を頂いた．以上の方々には深く感謝する次第である．

本書の刊行にあたり，早稲田大学からは早稲田大学学術出版補助費により，出版経費の一部を補助して頂いた．本書の執筆に際して，National Natural Science Foundation of China（NSFC No. 10171005）および北京大学光彩著作出版基金会から一部補助を頂いた．ここに記して謝意を表したい．

最後に本書の出版を企画して頂き，原稿執筆の激励とともに何かと終始お世話になった内田老鶴圃の内田 学氏，および編集，校正の段階で細部にわたり大変お世話になった笠井千代樹氏に深く感謝する次第である．

2002年1月

鈴木　武
謝　衷潔

目　次

第2章 定常増分を持つ確率過程のウエーブレット変換

第3章 定常ノイズの存在のもとでの回帰関数の推定

第4章 ウエーブレットの手法による跳躍点の検出

第5章 確率過程におけるウエーブレットの応用—最近の発展

第6章 補足説明

付章

参考文献

索引

第0章 はじめに～ウエーブレットへの誘い～

0.1 ウエーブレットとは

ウエーブレット解析は近年において発展した比較的新しい数学の道具であるが，すでに数々の目覚しい成果を与えてきている．現在多くの研究者達は画像処理，データ通信，地震探査などの広い領域にわたってウエーブレットを用いており，それらについて好ましい結果が得られたとの報告がなされている．ウエーブレットが広く用いられ，またそれが有効であるのはなぜであろうか．

大まかにいってウエーブレット解析はフーリエ解析を補完すべく，それをより洗練したものである．フーリエ変換は与えられた関数をその周波数成分によって表現する手法の１つであることはよく知られている．いま $f(t)$ を $f(t)\in L^2(\boldsymbol{R})$，すなわち

$$\int_{\boldsymbol{R}}|f(t)|^2dt<\infty$$

を満たす関数とする．このとき $f(t)$ のフーリエ変換を

$$g(\omega)=\frac{1}{\sqrt{2\pi}}\int_{\boldsymbol{R}}f(t)e^{-i\omega t}dt \tag{0.1}$$

とすると

$$f(t)=\frac{1}{\sqrt{2\pi}}\int_{\boldsymbol{R}}g(\omega)e^{i\omega t}dw \tag{0.2}$$

が成立する．フーリエ変換においては次のような２つの重要な問題点がある．

a. (0.1)により，１つの点 ω の“情報”すなわち周波数 ω についての知識を得るために，$(-\infty,\infty)$ 全体にわたる関数のすべての情報を必要とする．

b. f の周波数成分が時間領域において局所的に変化するとき，$g(\omega)$ はそのような変化を反映しない．

このような欠点を補うため，1946 年にガボール（Gabor）は次のような窓フーリエ変換（windowing Fourier transformation（WFT））を提案した．

$$\begin{cases} g(p,q)=\dfrac{1}{\sqrt{2\pi}}\displaystyle\int_R f(t)w(t-q)e^{-ipt}dt \\ f(t)=\dfrac{1}{\sqrt{2\pi}}\displaystyle\int_R\int_R g(p,q)w(t-q)e^{ipt}dpdq \end{cases} \tag{0.3}$$

ここに，$w(\cdot)$ は有界な台を持つものとする．明らかに p, q はそれぞれ周波数成分および時間指標に関係している．

いま

$$p=mp_0, \quad q=nq_0, \qquad m, n\in \boldsymbol{Z} \tag{0.4}$$

とおく（p_0, q_0 はそれぞれ周波数領域および時間領域におけるサンプリング区間を表す）．このとき

$$\{w_{m,n}(t)\triangleq w(t-nq_0)e^{imp_0t}, \quad m, n\in \boldsymbol{Z}\} \tag{0.5}$$

は $L^2(\boldsymbol{R})$ において直交基底をなすことが期待される．これに関連して次の重要な定理が知られている（Liu and Di（1992），ヘルナンデス-ワイス（2000）を参照）．

定理（バリアン-ロウ(Balian-Low)）$\{w_{m,n}\}_{m,n}$ が $L^2(\boldsymbol{R})$ において直交基底をなすとする．このとき $tw(t)$ と $\omega\hat{w}(\omega)$ が同時に $L^2(\boldsymbol{R})$ に属することはできない．ここに，$\hat{w}(\omega)$ は $w(t)$ のフーリエ変換を表す．

この定理から，もし $\{w_{m,n}\}$ が $L^2(\boldsymbol{R})$ において直交基底をなすならば，$w(t)$ と $\hat{w}(\omega)$ は時間領域および空間領域のそれぞれにおいて，同時には望ましい消失性(cancellation）を持ち得ないことがわかる．

0.2　ウエーブレット変換

本節では前節と異なる方法を考える．$\psi(x)$ を $L^2(\boldsymbol{R})$ の関数で，許容条件(admissibility condition）と呼ばれる次の条件を満たすものとする．

$$C_\psi=2\pi\int_R\frac{|\hat{\psi}(\omega)|^2}{|\psi|}d\omega<\infty \quad (\hat{\psi}\text{ は }\psi\text{ のフーリエ変換}) \tag{0.6}$$

このとき，$f\in L^2(\boldsymbol{R})$ に対して

$$\hat{f}(a,b)\triangleq\langle f, \psi^{a,b}\rangle=|a|^{-1/2}\int_R f(x)\overline{\psi\left(\frac{x-b}{a}\right)}dx, \quad a\neq 0, \quad a, b\in \boldsymbol{R} \tag{0.7}$$

を f の(連続)ウエーブレット変換（continuous wavelet transform（CWT））と

呼ぶ．ここで，$\langle\ ,\ \rangle$ は L^2 の内積を表し，

$$\psi^{a,b}=|a|^{-1/2}\psi\left(\frac{x-b}{a}\right)$$

である．次のことは容易にわかる（$\|\cdot\|$ は L^2 ノルムを表す）．

（1）　$\|\psi^{a,b}(x)\|=\|\psi\|,\quad a\neq 0,\quad a, b\in \boldsymbol{R}$　　(0.8)

（2）　$|\hat{f}(a, b)|\leqq\|f\|\cdot\|\psi\|.$　　(0.9)

次の定理は基本的なものである．

定理 0.1　$\psi(x)\in L^2(\boldsymbol{R})$ は許容条件(0.6)を満たすとする．このとき任意の $f, g \in L^2(\boldsymbol{R})$に対して

$$\int_R\int_R(\hat{f}(a, b)\overline{\hat{g}(a, b)})\frac{dadb}{a^2}=C_\psi\langle f, g\rangle \tag{0.10}$$

が成立する．

証明

$$\int_R\int_R(\hat{f}(a, b)\overline{\hat{g}(a, b)})\frac{dadb}{a^2}$$

$$=\int_R\int_R\left[\int_R|a|^{-1/2}f(x)\overline{\psi\left(\frac{x-b}{a}\right)}dx\right]\left[\int_R|a|^{-1/2}\overline{g(y)}\psi\left(\frac{y-b}{a^2}\right)dy\right]\frac{dadb}{a^2}$$

$$=2\pi\int_R\int_R\left[\frac{|a|^{-1/2}}{\sqrt{2\pi}}\int_R\overline{\psi\left(\frac{x-b}{a}\right)}f(x)dx\right]\left[\frac{|a|^{-1/2}}{\sqrt{2\pi}}\int_R\psi\left(\frac{y-b}{a}\right)\overline{g(y)}dy\right]\frac{dadb}{a^2}$$

$$\overset{Pl.Th.}{=}2\pi\int_R\int_R\left[\frac{|a|^{-1/2}}{\sqrt{2\pi}}\int_R\hat{f}(\omega)\overline{\hat{\psi}^*(\omega)}d\omega\right]\left[\frac{|a|^{-1/2}}{\sqrt{2\pi}}\int_R\overline{\hat{g}(\omega)}\,\hat{\psi}^*(\omega)d\omega\right]\frac{dadb}{a^2} \tag{0.11}$$

（*Pl. Th.* はプランシュレルの定理（6.2 節を参照）を意味する）

ここで

$$\hat{\psi}^*(\omega)=\frac{1}{\sqrt{2\pi}}\int_R e^{-ixw}\psi\left(\frac{x-b}{a}\right)dx,\quad \psi^*(x)=\psi\left(\frac{x-b}{a}\right).$$

いま $u=\dfrac{x-b}{a}$, $dx=adu$, $x=au+b$ とおくと

$$\hat{\psi}^*(\omega)=a\int_R e^{-i(a\omega)u-ib\omega}\psi(u)du=ae^{-ib\omega}\hat{\psi}(a\omega) \tag{0.12}$$

したがって

$$(0.11)=2\pi\int_R\int_R\left[\frac{|a|^{-1/2}}{\sqrt{2\pi}}\int_R\hat{f}(\omega)e^{ib\omega}\overline{\hat{\psi}(a\omega)}\,d\omega\right]$$

$$\cdot\left[\frac{|a|^{-1/2}}{\sqrt{2\pi}}\int_{R}\overline{\hat{g}(\omega)}e^{-ib\omega}\hat{\psi}(a\omega)d\omega\right]dadb$$

$$=2\pi\int_{R}\frac{da}{|a|}\int_{R}(\hat{F}_a(-b)\overline{\hat{G}_a(-b)})db$$

$$=2\pi\int_{R}\frac{da}{|a|}\int_{R}(\hat{F}_a(b)\overline{\hat{G}_a(b)})db \tag{0.13}$$

ここで，$F_a(\omega)=\hat{f}(\omega)\overline{\hat{\psi}(a\omega)}$, $G_a(\omega)=\hat{g}(\omega)\overline{\hat{\psi}(a\omega)}$ で，$\hat{F}_a(b)$, $\hat{G}_a(b)$ はそれぞれ $F_a(\omega)$, $G_a(\omega)$ のフーリエ変換を表す．これより

$$(0.13)=2\pi\int_{R}<\hat{F}_a(b),\ \hat{G}_a(b)>\frac{da}{|a|}$$

$$\overset{Pl.Th.}{=}2\pi\int_{R}<F_a(\omega),\ G_a(\omega)>\frac{da}{|a|}$$

$$=2\pi\int_{R}\left(\int_{R}\hat{f}(\omega)\overline{\hat{g}(\omega)}|\hat{\psi}(a\omega)|^2d\omega\right)\frac{da}{|a|}$$

$$=2\pi\int_{R}\hat{f}(\omega)\overline{\hat{g}(\omega)}\left(\int_{R}\frac{|\hat{\psi}(a\omega)|^2da}{|a|}\right)d\omega$$

$$\overset{Pl.Th.}{=}C_\psi\int_{R}f(x)\overline{g(x)}dx=C_\psi\langle f,\ g\rangle. \qquad \square \tag{0.14}$$

定義 0.1　$\boldsymbol{R}$ 上の関数 f, g について，すべての $\theta\in L^2(\boldsymbol{R})$ に対して

$$\langle f,\ \theta\rangle=\langle g,\ \theta\rangle \tag{0.15}$$

となるとき，弱い意味で f と g は等しい（‘$f=g$ in weak sense’）と呼ぶ．

いま $f\in L^2(\boldsymbol{R})$ に対して

$$\hat{f}(a,\ b)=|a|^{-1/2}\int_{R}f(x)\overline{\psi\left(\frac{x-b}{a}\right)}dx=\langle f,\ \psi^{a,b}\rangle \tag{0.16}$$

とすると

$$f(x)=C_\psi^{-1}\int_{R}\int_{R}\hat{f}(a,b)|a|^{-1/2}\psi\left(\frac{x-b}{a}\right)\frac{dadb}{a^2} \qquad \text{(in weak sense)} \tag{0.17}$$

が成立する．実際，(0.17)の右辺を $f^*(x)$ とおくと，定理0.1によって，任意の $g\in L^2(\boldsymbol{R})$ に対して

$$C_\psi\langle f,\ g\rangle=C_\psi\langle f^*,\ g\rangle$$

となるからである．

(0.17)より強い結果である次式が成り立つことも容易にわかる（証明は6.10節を参照）．

$$\lim_{\substack{A_1\to 0\\ A_2,B\to\infty}}\left\|f-C_\psi^{-1}\iint_{\substack{A_1\leqq|a|\leqq A_2\\ |b|\leqq B}}\hat{f}(a,b)\psi^{a,b}\frac{dadb}{a^2}\right\|=0 \tag{0.18}$$

このことから一般にウエーブレット解析において，(0.16)，(0.17)はそれぞれウエーブレット変換および逆ウエーブレット変換とよばれる．

0.3 ハールウエーブレット系

前節において $\left\{\psi^{a,b}(x)=|a|^{-1/2}\psi\left(\frac{x-b}{a}\right)\right\}$ はウエーブレット変換において大変重要な役割を果たすことを知った．ここで非常に簡単な系であるが，多くの面でウエーブレットの本質的な性質を示すハール系について説明する．

$$\psi(x)=\begin{cases}1, & 0\leqq x<\frac{1}{2}\\ -1, & \frac{1}{2}\leqq x<1\\ 0, & \text{その他}\end{cases} \tag{0.19}$$

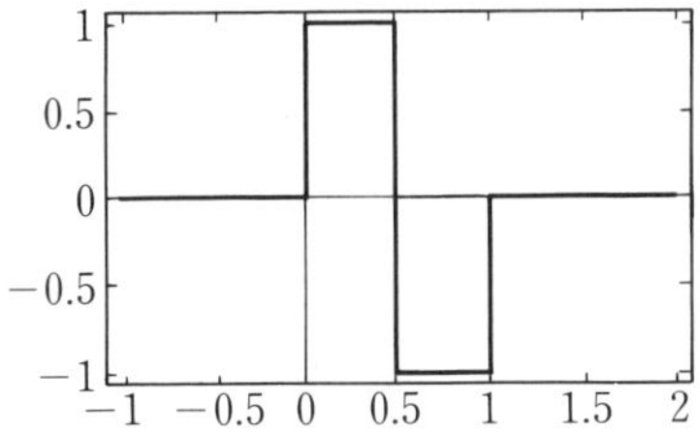

図 0-1 ハールウエーブレット

$$\psi^{a,b}(x)=|a|^{-1/2}\psi\left(\frac{x-b}{a}\right) \tag{0.20}$$

において，$j,k\in\boldsymbol{Z}$ に対して $a=2^{-j}, b=k2^{-j}$ とおくと

$$\psi^{a,b}(x)=2^{j/2}\psi(2^jx-k),\quad j,k\in\boldsymbol{Z} \tag{0.21}$$

となる．ここに，j と k はそれぞれ伸張（dilation）と平行移動（translation）の役割を演ずる．ウエーブレット解析においては(0.21)は通常 $\psi_{j,k}(x)$，$j,k\in\boldsymbol{Z}$ で表される．

ハール系について次のことは容易にわかる．

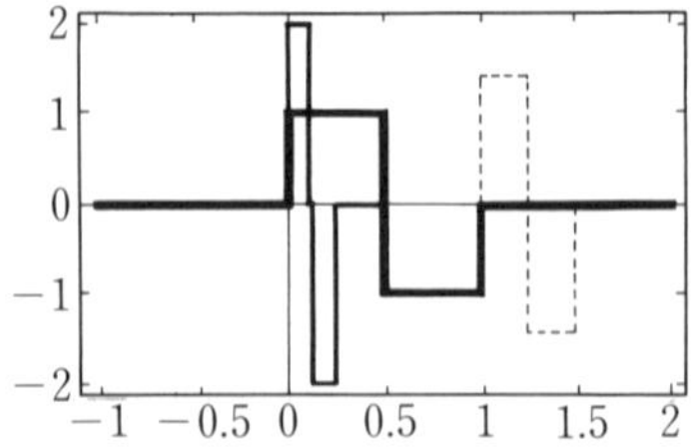

図 0-2　異なる j, k の値に対するハールウエーブレット関数
太線は標準ハールウエーブレット($j=0, k=0$)，点線は
$j=1, k=2$，並線は $j=2, k=0$ の場合

（1）　$\psi_{j,k}(x)$ は有界な台を持つ．

$$\text{supp}\ \psi_{j,k}=[k2^{-j}, (k+1)2^{-j}] \tag{0.22}$$

（2）　$\displaystyle\int_R \psi_{j,k}(x)dx=0$　　(0.23)

（3）　$\{\psi_{j,k}(x)\}_{j,k}$ は直交系をなす．

k と k' が異なるとき $\psi_{j,k}$ の台は重ならないからこれらは直交することがわかる．また j と j' が異なるとき，例えば $j'<j$ のとき $\psi_{j,k}$ の台は他方のウエーブレットが定数である領域に含まれ，したがってこれらは直交することがわかる．

さらに，階段関数の全体は $L^2(\boldsymbol{R})$ のなかで稠密であることから次の定理が得られる．

定理 0.2　ハール系 $\{\psi_{j,k} : j, k\in \boldsymbol{Z}\}$ は $L^2(\boldsymbol{R})$ において完全正規直交系をなす．

ハール系は周波数領域において望ましい消失性を持たないことから，それが最良のウエーブレット直交系であるとはいえない．例えば $j=0, k=0$ のとき ψ のフーリエ変換は

$$\Psi(\omega)=\hat{\psi}(\omega)=-i\frac{1-2e^{-\frac{1}{2}i\omega}+e^{-i\omega}}{\sqrt{2\pi}\,\omega} \tag{0.24}$$

となり，急速な消失性を持たないことがわかる（図 0-3 を参照)．

しかしながら以下の章において，時間領域において非常に望ましい消失性を持ち，さらに周波数領域において有界な台を持つ（あるいはその逆）数多くのウエーブレット関数が示されるであろう．

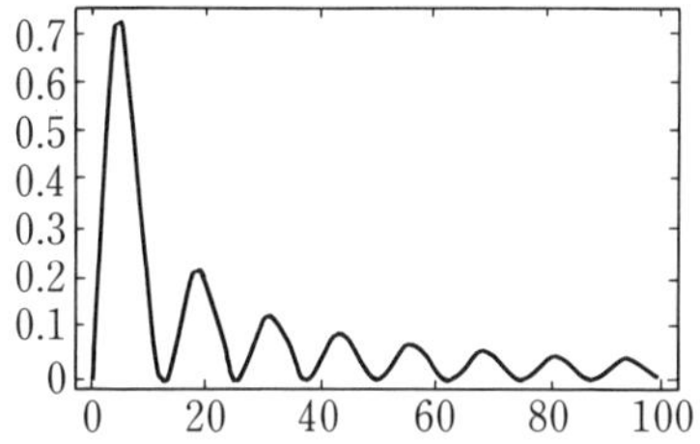

図 0-3　ハールウエーブレットのフーリエ変換（$\sqrt{2\pi}|\Psi(\omega)|$）

一般に $\psi(x)$ が許容条件(0.6)，すなわち

$$C_\psi = 2\pi\int_{\boldsymbol{R}}\frac{|\hat{\psi}(\omega)|^2}{|\omega|}d\omega < \infty \tag{0.25}$$

を満たすとき，$f(x)\in L^2(\boldsymbol{R})$ の連続ウエーブレット変換，および逆ウエーブレット変換はそれぞれ次式で与えられることはすでに述べた．

$$\hat{f}(a, b) = |a|^{-1/2}\int_{\boldsymbol{R}} f(x)\overline{\psi\left(\frac{x-b}{a}\right)}dx, \quad a, b\in\boldsymbol{R}, a\neq 0 \tag{0.26}$$

$$f(x) = C_\psi^{-1}|a|^{-1/2}\int_{\boldsymbol{R}}\int_{\boldsymbol{R}}\hat{f}(a, b)\psi\left(\frac{x-b}{a}\right)\frac{dadb}{a^2} \quad \text{(in weak sense)}. \tag{0.27}$$

いま

$$a = a_0^m,\ a_0 > 1,\ b = n(b_0\cdot a_0^m), \quad b_0\in\boldsymbol{R} \tag{0.28}$$

とおくとき，条件(0.25)のもとで，時間領域および周波数領域のそれぞれにおいて非常に望ましい局所性（localization）および消失性を持つ（あるいはその逆）ψ で，

$$\psi_{m,n}(x) = |a_0|^{-m/2}\psi(a_0^{-m}x - nb_0), \quad m, n\in\boldsymbol{Z} \tag{0.29}$$

が $L^2(\boldsymbol{R})$ で正規直交系をなすものが数多く見出される．このような ψ は，以下ではマザーウエーブレット（mother wavelet）と呼ばれる．

0.4　フーリエ変換とウエーブレット変換の相異点

(0.29)と(0.5)を比べてみるとわかるが，窓フーリエ変換では時間領域におけるサンプリング区間は，異なる周波数 mp_0 に対して固定された値 q_0 である

((0.4)，(0.5)を参照)．他方，ウエーブレット変換では異なる周波数 a_0^{-m} に対して，サンプリング区間はそれに応じて異なる値 $a_0^m b_0$ となっている．高い周波数すなわち m の値が小さいとき，時間領域におけるサンプリング区間は小さなステップ $a_0^m b_0$ となり，低い周波数すなわち m の値が大きいときはサンプリング区間は大きいステップとなっている．これはある場合にはズームスケーリング効果を果たしている．

文献では通常 $a_0=2, b_0=1$ とおかれていることが多い．この場合には(0.29)は

$$\psi_{m,n}(x)=2^{-m/2}\psi(2^{-m}x-n),\quad m,n\in \boldsymbol{Z}\ \text{(Daubechies (1992))} \qquad (0.30)$$

となる．また $j=-m$，$k=n$ とおいて

$$\psi_{j,k}(x)=2^{j/2}\psi(2^{j}x-k),\quad j,k\in \boldsymbol{Z}\ \text{(Meyer (1993))} \qquad (0.31)$$

を用いることもある．

$\{\psi_{m,n}(x)\}$ あるいは $\{\psi_{j,k}(x)\}$ は $L^2(\boldsymbol{R})$ において正規直交系をなし，伸張と平行移動を伴ったマザーウエーブレット $\psi(x)$ から得られる．

要約すれば"なぜウエーブレットか"という問いに対する答えとして主に以下の3つが挙げられる．

1．望ましい時間-周波数局所性．
2．変換および計算が簡単であること．
3．高速アルゴリズムがすでに知られていること（マラーアルゴリズム(Mallat algorithm)，高速ウエーブレット変換など)．

0.5　参考図書

本書で述べられる事柄全体を通して，参考となる書物を以下に挙げる．

1．猪狩　惺（1996）：実解析入門. 岩波書店.
2．ヘルナンデス・ワイス（芦野隆一他訳）(2000)：ウエーブレットの基礎. 科学技術出版.
3．Daubechies, I. (1992)：Ten Lectures on Wavelet. SIAM, Philadelphia.
4．Grenander, U. (1981)：Abstract Inference. John Wiley & Sons.
5．Härdle, W., Kerkyacharian, G., Picard, D. and Tsybakov, A. (1998)：Wavelets, Approximation, and Statistical Applications. Springer.
6．Liu, G. and Di, S. (1992)：Wavelet Analysis and Applications. Xi-An University of Electrical Technology Press. (in Chinese).

7. Meyer, Y. (1993) : Wavelets: Algorithms and Applications. SIAM, Philadelphia.
8. Ogden, R. T. (1997) : Essencial Wavelets for Statistical Applications and Data Analysis. Birkhäuser, Boston.
9. Percival, D. B. and Walden, A. T. (2000) : Wavelet Methods for Time Series Analysis. Cambridge University Press.
10. Rozanov, Yu. A. (1969) : Stationary Random Processes. Holden-Day, San Francisco.
11. Titchmarch, E. C. (1937) : Introduction to the Theory of Fourier Integrals. Oxford University Press.
12. Vidakovic, B. (1999) : Statistical Modeling by Wavelets. John Wiley & Sons.
13. Walter, G. G. (1997) : Wavelets and Other Orthogonal Systems with Applications. CRC Press: Boaca Raton, Florida.
14. Wojtaszczyk, P. (1997) : A Mathematical Introduction to Wavelet. Cambridge University Press.
15. Xie, Z. (1993) : Case Studies in Time Series Analysis. World Scientific, Singapore.
16. Yaglom, A. M. (1987) : Correlation Theory of Stationary Related Random Functions II. Springer-Verlag, New York.

第1章 多重解像度解析とウエーブレット

よく知られた簡単な直交基底であるハール系はハール（Haar）によって1910年に提案された．

ウエーブレットは直交系としてではなく，1つの固定された関数 $\psi(t), \psi(t)\in L^2(\boldsymbol{R})$ の伸張と平行移動を含む積分変換であるウエーブレット変換として始まった．数学的な解析をさらに進めるにあたり，研究者の多くは $\{\psi_{j,k}(t)=2^{j/2}\psi(2^jt-k):j, k\in\boldsymbol{Z}\}$ が $L^2(\boldsymbol{R})$ において直交系をなすか否かに関心を払った．直交性の理論はDaubechies（1988）とMeyer（1988）によって発見された．

以下において，$\{\psi_{j,k}(t):j, k\in\boldsymbol{Z}\}$ が $L^2(\boldsymbol{R})$ で直交基底となるような $\psi(t)$ の構成について述べよう．この構成法は，通常スケーリング関数と呼ばれる，多重解像度解析の理論に関係する他のもう1つの関数 $\varphi(t)$ に基づいてなされる．

1.1 多重解像度解析と直交基底

定義 1.1 閉部分空間の系列 $\{V_j:j\in\boldsymbol{Z}\}\subset L^2(\boldsymbol{R})$ が次の条件(1)～(5)を満たすとき，$\{V_j\}_{j\in\boldsymbol{Z}}$ は多重解像度解析（multiresolution analysis（MRA））をなすという．

(1) $V_j\subset V_{j+1}, j\in\boldsymbol{Z}$

(2) $\bigcap_{j\in\boldsymbol{Z}} V_j=\{0\}, (\bigcup_{j\in\boldsymbol{Z}} V_j)^c=L^2(\boldsymbol{R})$ （A^c は集合 A の閉包を表す）

(3) $f(x)\in V_j\Longleftrightarrow f(2x)\in V_{j+1}$

(4) $f(x)\in V_0$ ならば $f(x-k)\in V_0, \forall k\in\boldsymbol{Z}$

(5) 関数 $\varphi(x)\in V_0$ が存在して $\{\varphi(x-k):k\in\boldsymbol{Z}\}$ が V_0 の正規直交基底となる．

注意：

a. 条件(5)においては多くの文献でこれと異なる性質を要求している．通常は次の条件である．

(5′)　$\varphi(x)\in V_0$ が存在して $\{\varphi(x-k):k\in\boldsymbol{Z}\}$ が V_0 においてリース基底(Riesz basis) をなす．

すなわち，任意の $f\in V_0$ に対して数列 $\{a_k:k\in\boldsymbol{Z}\}\in l^2$ がただ1つ存在して

$$f=\sum_k a_k\varphi(x-k) \tag{1.1}$$

と表される．さらに定数 $C_2\geqq C_1>0$ が存在して，任意の $\{a_j:j\in\boldsymbol{Z}\}\in l^2$ に対して不等式

$$C_1\left(\sum_j|a_j|^2\right)^{1/2}\leqq\|\sum_j a_j\varphi(x-j)\|\leqq C_2\left(\sum_j|a_j|^2\right)^{1/2} \tag{1.2}$$

が成立する($\|\cdot\|$ は L^2 ノルムを表す)．

一般に(1.2)が成り立つ系列 $\{\varphi_j\}$ はリース系列と呼ばれ，(1.1)と(1.2)が成り立つとき，$\{\varphi_j\}$ はリース基底と呼ばれる．

条件(5)を満たす $\{\varphi(x-k):k\in\boldsymbol{Z}\}$ は明らかにリース基底となることがわかる．実際，ベッセルの等式より $C_2=C_1=1$ ととれるからである．

MRA についてさらに議論を行う前に，ウエーブレットの理論における非常に基本的な結果について述べよう．$\{\varphi(x-k):k\in\boldsymbol{Z}\}$ をリース基底とし，

$$\tilde{\varphi}(x)=\frac{1}{\sqrt{2\pi}}\left[\left(\sum_{k\in\boldsymbol{Z}}|\hat{\varphi}(\omega+2k\pi)|^2\right)^{-1/2}\hat{\varphi}(\omega)\right]^{\vee} \tag{1.3}$$

とおいたとき，$\{\tilde{\varphi}(x-k):k\in\boldsymbol{Z}\}$ は正規直交基底となる．ここで，“$\wedge$”はフーリエ変換を表し，“$\vee$”は逆フーリエ変換を表す．

関数

$$p(\omega)=\sum_{k\in\boldsymbol{Z}}|\hat{\varphi}(\omega+2k\pi)|^2 \tag{1.4}$$

の特徴を見る上で次の定理が有益である．

定理 1.1　$\{\varphi(x-k):k\in\boldsymbol{Z}\}$ が $L^2(\boldsymbol{R})$ において正規直交系をなすための必要十分条件は

$$\sum_{k\in\boldsymbol{Z}}|\hat{\varphi}(\omega+2k\pi)|^2=\frac{1}{2\pi},\quad \text{a.a.}\quad \omega\in\boldsymbol{R} \tag{1.5}$$

証明　$\{\varphi(x-k):k\in\boldsymbol{Z}\}$ を $L^2(\boldsymbol{R})$ における正規直交系とする．このとき

$$\begin{aligned}\delta_{k,l}&=\langle\varphi(x-k),\varphi(x-l)\rangle=\langle[\varphi(x-k)]^{\wedge},[\varphi(x-l)]^{\wedge}\rangle \qquad (1.6)\\&=\langle e^{-ik\omega}\hat{\varphi}(\omega),e^{-il\omega}\hat{\varphi}(\omega)\rangle\end{aligned}$$

$$= \int_{\boldsymbol{R}} e^{-i(k-l)\omega} |\hat{\varphi}(\omega)|^2 d\omega$$

$$= \sum_{n \in \boldsymbol{Z}} \int_{2n\pi}^{2(n+1)\pi} e^{-i(k-i)\omega} |\hat{\varphi}(\omega)|^2 d\omega, \quad (u = \omega - 2n\pi, \omega = u + 2n\pi)$$

$$= \sum_{n \in \boldsymbol{Z}} \int_0^{2\pi} e^{-i(k-l)(u+2n\pi)} |\hat{\varphi}(u+2n\pi)|^2 du$$

$$= \sum_{n \in \boldsymbol{Z}} \int_0^{2\pi} e^{-i(k-l)u} |\hat{\varphi}(u+2n\pi)|^2 du, \quad (-k+l=m)$$

$$= \int_0^{2\pi} e^{im\lambda} \Big(\sum_{n \in \boldsymbol{Z}} |\hat{\varphi}(\lambda+2n\pi)|^2 \Big\} d\lambda = \delta_{m,0}, \quad \forall m \in \boldsymbol{Z} \tag{1.7}$$

$$\Rightarrow \sum_{n \in \boldsymbol{Z}} |\hat{\varphi}(\lambda+2n\pi)|^2 = \text{const.} = \frac{1}{2\pi}^{(*)} \tag{1.8}$$

逆に，(1.8)が成り立つとすると，(1.7)から出発して逆にたどってゆけば(1.6)が得られることがわかる．($\langle \cdot, \cdot \rangle$ は L^2 の内積 $\langle \cdot, \cdot \rangle_{L^2}$ を表す．)　□

この定理から，ある意味で条件(5)は条件(5′)と比べてさほど強い条件ではないことがわかる．

b.　$V_j = \{f(2^j x) : f(x) \in V_0\}$,　$j \in \boldsymbol{Z}$. (1.9)

実際，$V_1 = \{f(2x) : f(x) \in V_0\}$,　したがって

$$V_2 = \{f(2(2x)) : f(x) \in V_0\} = \{f(2^2 x) : f(\cdot) \in V_0\}$$

である．以下同様．

したがって，$\varphi_{j,k}(x) = 2^{j/2} \varphi(2^j x - k), j, k \in \boldsymbol{Z}$ とおくとき，$\{\varphi_{j,k}(x) : k \in \boldsymbol{Z}\}$ は V_j における正規直交基底をなすことがわかる．

以下では $\varphi(x)$ は MRA$\{V_j\}_{j \in \boldsymbol{Z}}$ のスケーリング関数 (scaling function) と呼ばれる．

c.　$\varphi(x)$ はスケーリング方程式 (scaling equation) と呼ばれる次の関係式を満たす．

(*)　$p(\lambda) = \sum_{n \in \boldsymbol{Z}} |\hat{\varphi}(\lambda+2n\pi)|^2 \geqq 0$ は自己共分散 $r(m) = \delta_{m,0}$ を持つ定常過程のスペクトル密度関数とも考えられる．そして $p(\lambda)$ はホワイトノイズ・スペクトラムと呼ばれ

$$p(\lambda) = \frac{\sigma^2}{2\pi} = \frac{r(0)}{2\pi} = \frac{1}{2\pi}$$

である．

$$\begin{cases} \varphi(x)=\sqrt{2}\sum_k h_k\varphi(2x-k) \\ h_k=\sqrt{2}\int_{\boldsymbol{R}}\varphi(x)\overline{\varphi(2x-k)}\,dx, \qquad k\in\boldsymbol{Z} \end{cases} \tag{1.10}$$

これは次の関係式と同等である．

$$\hat{\varphi}(\omega)=H\left(\frac{\omega}{2}\right)\hat{\varphi}\left(\frac{\omega}{2}\right), \quad \omega\in\boldsymbol{R} \tag{1.11}$$

ここで

$$\begin{aligned} H(\omega)&=\frac{1}{\sqrt{2}}\sum_{k\in\boldsymbol{Z}}h_k e^{-ik\omega}, \quad \omega\in\boldsymbol{R} \\ &=\sqrt{\pi}\,\tilde{H}(\omega) \\ \tilde{H}(\omega)&=\frac{1}{\sqrt{2\pi}}\sum_{k\in\boldsymbol{Z}}h_k e^{-ik\omega} \end{aligned} \tag{1.12}$$

証明

$$V_0\subset V_1=\mathrm{Span}\{\sqrt{2}\,\varphi(2x-k):k\in\boldsymbol{Z}\} \tag{1.13}$$

だから

$$\varphi(x)=\sum_k\sqrt{2}\langle\varphi, \sqrt{2}\,\varphi(2x-k)\rangle\varphi(2x-k) \tag{1.14}$$

$$\begin{aligned} &=\sqrt{2}\sum_k\left(\sqrt{2}\int_{\boldsymbol{R}}\varphi(x)\overline{\varphi(2x-k)}\,dx\right)\varphi(2x-k) \\ &=\sqrt{2}\sum_k h_k\varphi(2x-k) \end{aligned} \tag{1.15}$$

さらに

$$\begin{aligned} (\varphi(2x-k))^\wedge&=\frac{1}{\sqrt{2\pi}}\int_{\boldsymbol{R}}\varphi(2x-k)e^{-i\omega k}dx, \quad u=2x-k \\ &=\left(\frac{1}{\sqrt{2\pi}}\int_{\boldsymbol{R}}\varphi(u)e^{-i\frac{\omega}{2}u}du\right)\frac{e^{-i\frac{\omega}{2}k}}{2} \\ &=\frac{1}{2}e^{-i\frac{\omega}{2}k}\hat{\varphi}\left(\frac{\omega}{2}\right) \end{aligned} \tag{1.16}$$

である．したがって，(1.10)の両辺のフーリエ変換を行うことにより

$$\begin{aligned} \hat{\varphi}(\omega)&=\sqrt{2}\sum_k h_k(\varphi(2x-k))^\wedge=\sqrt{2}\sum_k h_k\left(\frac{1}{2}e^{-i\frac{\omega}{2}k}\hat{\varphi}\left(\frac{\omega}{2}\right)\right) \\ &=\hat{\varphi}\left(\frac{\omega}{2}\right)\left(\frac{1}{\sqrt{2}}\sum_k h_k e^{-i\frac{\omega}{2}k}\right)=H\left(\frac{\omega}{2}\right)\hat{\varphi}\left(\frac{\omega}{2}\right) \end{aligned} \tag{1.17}$$

を得る．　□

スケーリング方程式(1.10)～(1.12)はウエーブレットの理論において非常に重要な役割を果たす．

d. いま

$$g_k \triangleq (-1)^k \bar{h}_{1-k} \tag{1.18}$$

$$G(\omega) \triangleq \frac{1}{\sqrt{2}} \sum_{k \in \boldsymbol{Z}} g_k e^{-ik\omega} = -e^{-i\omega} \cdot \bar{H}(\omega + \pi), \quad \omega \in \boldsymbol{R} \tag{1.19}$$

とおくとき

$$\psi(x) = \sqrt{2} \sum_k g_k \varphi(2x-k), \quad x \in \boldsymbol{R} \tag{1.20}$$

$$= \sqrt{2} \sum_k (-1)^k \bar{h}_{1-k} \varphi(2x-k), \quad x \in \boldsymbol{R} \tag{1.21}$$

はマザーウエーブレットと呼ばれる．(1.20)の両辺のフーリエ変換を考えることにより，スケーリング方程式(1.11)と同様にして次の関係式が得られる．

$$\hat{\psi}(\omega) = G\left(\frac{\omega}{2}\right) \hat{\varphi}\left(\frac{\omega}{2}\right)$$

$$= -e^{-i\frac{\omega}{2}} \bar{H}\left(\frac{\omega}{2} + \pi\right) \hat{\varphi}\left(\frac{\omega}{2}\right) \quad \text{((1.19)を用いる)} \tag{1.22}$$

e. $L^2(\boldsymbol{R})$ の分解．

$\{V_j : j \in \boldsymbol{Z}\}$ を $L^2(\boldsymbol{R})$ の MRA とし，W_j を V_j の V_{j+1} における直交補空間とする．このとき

$$V_{j+1} = W_j \oplus V_j, \quad j \in \boldsymbol{Z} \tag{1.23}$$

あるいは

$$W_j = V_{j+1} \ominus V_j, \quad j \in \boldsymbol{Z} \tag{1.24}$$

であるが，さらに次の関係式が成立する．

(1)
$$\begin{aligned} V_{j+m} &= V_{j+m-1} \oplus W_{j+m-1} \\ &= V_{j+m-2} \oplus W_{j+m-1} \oplus W_{j+m-2}, \quad m > 0 \\ &= V_j \oplus W_{j+m-1} \oplus \cdots \oplus W_j \\ &= V_j \oplus \sum_{l=0}^{m-1} \oplus W_{j+l} = V_j \oplus \sum_{s=j}^{j+m-1} \oplus W_s \end{aligned} \tag{1.25}$$

(2)
$$V_{j+1} = \sum_{s=-\infty}^{j} \oplus W_s \quad \text{((1.23)，(1.24)から)} \tag{1.26}$$

（3）　$L^2(\boldsymbol{R})=\sum_{s=-\infty}^{\infty}\oplus W_s$ 　(1.27)

（4）　$V_{J+m}=V_J\oplus W_J\oplus W_{J+1}\oplus\cdots\oplus W_{J+m-1}$　$(\forall m>0)$ だから

$$L^2(\boldsymbol{R})=V_J\oplus\sum_{s=J}^{\infty}\oplus W_s \tag{1.28}$$

が成り立つ．

次の定理は重要である．

定理 **1.2**　$\psi(x)$ を(1.20)で定義されたマザーウエーブレットとする，ここに，$\varphi(x)$ はスケーリング関数を表す．このとき $\{\psi(x-k):k\in\boldsymbol{Z}\}$ は $W_0=V_1\ominus V_0$ の正規直交基底をなす．

この定理を示すために次の補題が必要である．

補題 1.1　$H(\omega), G(\omega)$ は(1.12)，(1.19)で定義された関数とする．このとき次式が成立する．

$$H(\omega)\overline{G(\omega)}+H(\omega+\pi)\overline{G(\omega+\pi)}=0 \tag{1.29}$$

$$|G(\omega)|^2+|G(\omega+\pi)|^2=1 \tag{1.30}$$

証明　明らかに $H(\omega)=\dfrac{1}{\sqrt{2}}\sum_{k\in\boldsymbol{Z}}h_k e^{-ik\omega}$ は周期 2π の周期関数だから(1.19)により

$$\begin{aligned}
&H(\omega)\overline{G(\omega)}+H(\omega+\pi)\overline{G(\omega+\pi)}\\
&\quad=-e^{i\omega}H(\omega)H(\omega+\pi)-e^{i(\omega+\pi)}H(\omega+\pi)H(\omega+2\pi) \qquad (1.31)\\
&\quad=e^{i\omega}H(\omega+\pi)[H(\omega+2\pi)-H(\omega)]=0 \qquad (1.32)
\end{aligned}$$

が成り立つ．スケーリング方程式および定理1.1により

$$\begin{aligned}
\frac{1}{2\pi}&=\sum_k|\hat{\varphi}(\omega+2k\pi)|^2=\sum_k\left|\hat{\varphi}\left(\frac{\omega}{2}+k\pi\right)\right|^2\left|H\left(\frac{\omega}{2}+k\pi\right)\right|^2\\
&=\sum_{m\in\boldsymbol{Z}}\left|H\left(\frac{\omega}{2}+2m\pi\right)\right|^2\left|\hat{\varphi}\left(\frac{\omega}{2}+2m\pi\right)\right|^2\\
&\qquad+\sum_{k\in\boldsymbol{Z}}\left|H\left(\frac{\omega}{2}+(2k+1)\pi\right)\right|^2\left|\hat{\varphi}\left(\frac{\omega}{2}+(2k+1)\pi\right)\right|^2 \qquad (1.33)\\
&=\left|H\left(\frac{\omega}{2}\right)\right|^2\sum_m\left|\hat{\varphi}\left(\frac{\omega}{2}+2m\pi\right)\right|^2+\left|H\left(\frac{\omega}{2}+\pi\right)\right|^2\sum_k\left|\hat{\varphi}\left(\left(\frac{\omega}{2}+\pi\right)+2k\pi\right)\right|^2\\
&=\left|H\left(\frac{\omega}{2}\right)\right|^2\frac{1}{2\pi}+\left|H\left(\frac{\omega}{2}+\pi\right)\right|^2\frac{1}{2\pi}=\frac{1}{2\pi}\left\{\left|H\left(\frac{\omega}{2}\right)\right|^2+\left|H\left(\frac{\omega}{2}+\pi\right)\right|^2\right\}
\end{aligned}$$

これより

$$\left|H\left(\frac{\omega}{2}\right)\right|^2+\left|H\left(\frac{\omega}{2}+\pi\right)\right|^2=1, \quad \omega\in\boldsymbol{R} \tag{1.34}$$

あるいは

$$|H(\omega)|^2+|H(\omega+\pi)|^2=1, \quad \omega\in\boldsymbol{R} \tag{1.35}$$

を得る．

さらに(1.19)より

$$\begin{aligned}
&G(\omega)\overline{G(\omega)}+G(\omega+\pi)\overline{G(\omega+\pi)}\\
&\quad=[e^{-i\omega}\bar{H}(\omega+\pi)][\overline{e^{-i\omega}\bar{H}(\omega+\pi)}]\\
&\qquad+[e^{-i(\omega+\pi)}\bar{H}(\omega+2\pi)][\overline{e^{-i(\omega+\pi)}\bar{H}(\omega+2\pi)}]\\
&\quad=|H(\omega+\pi)|^2+|H(\omega+2\pi)|^2=|H(\omega+\pi)|^2+|H(\omega)|^2=1
\end{aligned} \tag{1.36}$$

となる． □

ここで，関係式(1.34)もまたウエーブレットの理論において非常に重要な結果であることを強調しておく．

定理 1.2 の証明

1．$\{\psi(x-k)\}$ の直交性．(1.7)および(1.34)の証明と同様にして

$$\begin{aligned}
\langle\psi(x-k), \psi(x-j)\rangle_{L^2}&=\langle e^{-ik\omega}\hat{\psi}, e^{-ij\omega}\hat{\psi}\rangle\\
&=\int_0^{2\pi}e^{i(j-k)}\left(\left|G\left(\frac{\omega}{2}\right)\right|^2+\left|G\left(\frac{\omega}{2}+\pi\right)\right|^2\right)\left(\frac{1}{2\pi}\right)d\omega\\
&=\frac{1}{2\pi}\int_0^{2\pi}e^{i(j-k)\omega}d\omega=\delta_{j,k} \quad ((1.30)\text{より})
\end{aligned} \tag{1.37}$$

2．$\{\psi(x-l)\}\subset W_0=V_1\ominus V_0$ であること．$l=0$ の場合は次の 2 つを示せばよい．

$$\begin{aligned}
&\text{a.}\quad \psi(x)\in V_1\\
&\text{b.}\quad \langle\psi(x), \varphi(x-k)\rangle=0, \quad \forall k\in\boldsymbol{Z}
\end{aligned} \tag{1.38}$$

$\psi(x)$ の定義から((1.20)を参照)

$$\begin{aligned}
\psi(x)&=\sum_k g_k(\sqrt{2}\,\varphi(2x-k))\\
&=\sum_k g_k\varphi_{1,k}(x)\in V_1
\end{aligned} \tag{1.39}$$

である．よって(a)が示された．次に(b)を示そう．任意の $k\in\boldsymbol{Z}$ に対して

$$\langle\psi(x), \varphi(x-k)\rangle=\langle\hat{\psi}(\omega), e^{-ik\omega}\hat{\varphi}(\omega)\rangle \quad (\textit{Pl. Th.}\text{より}) \tag{1.40}$$

$$
\begin{aligned}
&= \left\langle G\left(\frac{\omega}{2}\right)\hat{\varphi}\left(\frac{\omega}{2}\right),\ e^{-ik\omega}\hat{\varphi}(\omega)\right\rangle \\
&= \int_{\boldsymbol{R}} G\left(\frac{\omega}{2}\right)\hat{\varphi}\left(\frac{\omega}{2}\right)e^{ik\omega}\overline{H\left(\frac{\omega}{2}\right)\hat{\varphi}\left(\frac{\omega}{2}\right)}d\omega \quad \text{（スケーリング方程式より）} \\
&= \int_{\boldsymbol{R}} G\left(\frac{\omega}{2}\right)\overline{H\left(\frac{\omega}{2}\right)}\left|\hat{\varphi}\left(\frac{\omega}{2}\right)\right|^2 e^{ik\omega}d\omega \\
&= \sum_{n\in\boldsymbol{Z}}\int_{2n\pi}^{2(n+1)\pi} G\left(\frac{\omega}{2}\right)\overline{H\left(\frac{\omega}{2}\right)}\left|\hat{\varphi}\left(\frac{\omega}{2}\right)\right|^2 e^{ik\omega}d\omega \\
&= \int_0^{2\pi}\sum_{n\in\boldsymbol{Z}} G\left(\frac{\omega'}{2}+n\pi\right)\overline{H\left(\frac{\omega'}{2}+n\pi\right)}\left|\hat{\varphi}\left(\frac{\omega'}{2}+n\pi\right)\right|^2 e^{ik\omega'}d\omega' \qquad (1.41)
\end{aligned}
$$

$$(\omega-2n\pi=\omega',\ \omega=\omega'+2n\pi)$$

ここで，被積分関数について

$$
\begin{aligned}
&\sum_{n\in\boldsymbol{Z}} G\left(\frac{\omega}{2}+n\pi\right)\overline{H\left(\frac{\omega}{2}+n\pi\right)}\left|\hat{\varphi}\left(\frac{\omega}{2}+n\pi\right)\right|^2 \\
&\quad= \sum_{m\in\boldsymbol{Z}} G\left(\frac{\omega}{2}+2m\pi\right)\overline{H\left(\frac{\omega}{2}+2m\pi\right)}\left|\hat{\varphi}\left(\frac{\omega}{2}+2m\pi\right)\right|^2 \\
&\qquad+ \sum_{m\in\boldsymbol{Z}} G\left(\frac{\omega}{2}+(2m+1)\pi\right)\overline{H\left(\frac{\omega}{2}+(2m+1)\pi\right)}\left|\hat{\varphi}\left(\frac{\omega}{2}+(2m+1)\pi\right)\right|^2 \\
&\quad= \sum_{m\in\boldsymbol{Z}} G\left(\frac{\omega}{2}\right)\overline{H\left(\frac{\omega}{2}\right)}\left|\hat{\varphi}\left(\frac{\omega}{2}+2m\pi\right)\right|^2 \\
&\qquad+ \sum_{m\in\boldsymbol{Z}} G\left(\frac{\omega}{2}+\pi\right)\overline{H\left(\frac{\omega}{2}+\pi\right)}\left|\hat{\varphi}\left(\left(\frac{\omega}{2}+\pi\right)+2m\pi\right)\right|^2 \\
&\quad= G\left(\frac{\omega}{2}\right)\overline{H\left(\frac{\omega}{2}\right)}\left(\sum_{m\in\boldsymbol{Z}}\left|\hat{\varphi}\left(\frac{\omega}{2}+2m\pi\right)\right|^2\right) \\
&\qquad+ G\left(\frac{\omega}{2}+\pi\right)\overline{H\left(\frac{\omega}{2}+\pi\right)}\left(\sum_{m\in\boldsymbol{Z}}\left|\hat{\varphi}\left(\left(\frac{\omega}{2}+\pi\right)+2m\pi\right)\right|^2\right) \qquad (1.42)
\end{aligned}
$$

である．定理1.1より

$$(1.42) = \left[G\left(\frac{\omega}{2}\right)\overline{H\left(\frac{\omega}{2}\right)} + G\left(\frac{\omega}{2}+\pi\right)\overline{H\left(\frac{\omega}{2}+\pi\right)}\right]\frac{1}{2\pi}. \qquad (1.43)$$

したがって，(1.41)を次のように書き直すことができる．

$$\langle\psi(x),\ \varphi(x-k)\rangle = \frac{1}{2\pi}\int_0^{2\pi}\left(G\left(\frac{\omega}{2}\right)\overline{H\left(\frac{\omega}{2}\right)} + G\left(\frac{\omega}{2}+\pi\right)\overline{H\left(\frac{\omega}{2}+\pi\right)}\right)e^{ik\omega}d\omega \equiv 0, \qquad (1.44)$$

$$\forall k\in\boldsymbol{Z} \quad \text{（(1.29)より）}$$

一般に，任意の $l\in\boldsymbol{Z}$ について

$$\begin{aligned}\langle\psi(x-l),\varphi(x-k)\rangle&=\langle\hat{\psi}(\omega)e^{-il\omega},\hat{\varphi}(\omega)e^{-ik\omega}\rangle\\&=\int_{\boldsymbol{R}}\left(G\left(\frac{\omega}{2}\right)\hat{\varphi}\left(\frac{\omega}{2}\right)e^{-il\omega}\right)\left(\overline{H\left(\frac{\omega}{2}\right)\hat{\varphi}\left(\frac{\omega}{2}\right)e^{ik\omega}}\right)d\omega\\&=\int_{\boldsymbol{R}}\left(G\left(\frac{\omega}{2}\right)\hat{\varphi}\left(\frac{\omega}{2}\right)\right)\left(\overline{H\left(\frac{\omega}{2}\right)\hat{\varphi}\left(\frac{\omega}{2}\right)}\right)e^{i(k-l)\omega}d\omega\\&=\langle\psi(x),\varphi(x-(k-l))\rangle=\langle\psi(x),\varphi(x-m)\rangle\equiv0,\quad m\in\boldsymbol{Z}.\end{aligned}\tag{1.45}$$

同様にして次式を得る．

$$\begin{aligned}\|\psi(x)\|^2&=\langle\psi(x),\psi(x)\rangle=\langle\hat{\psi}(\omega),\hat{\psi}(\omega)\rangle=\left\langle G\left(\frac{\omega}{2}\right)\hat{\varphi}\left(\frac{\omega}{2}\right),G\left(\frac{\omega}{2}\right)\hat{\varphi}\left(\frac{\omega}{2}\right)\right\rangle\\&=\frac{1}{2\pi}\int_0^{2\pi}\left(\left|G\left(\frac{\omega}{2}\right)\right|^2+\left|G\left(\frac{\omega}{2}+\pi\right)\right|^2\right)d\omega=1\quad((1.30)\text{より}).\end{aligned}\tag{1.46}$$

最後に，W_0 において $\{\psi(x-k):k\in\boldsymbol{Z}\}$ が完全であることを示そう(6.3節を参照)．いま $u\in W_0$ が，すべての $k\in\boldsymbol{Z}$ について

$$\langle u,\psi(x-k)\rangle\equiv0\tag{1.47}$$

を満たしているとする．このとき $u=0$ であることが示される．実際，$u\in W_0$ だから $u\in V_1$ で $u\perp V_0$ である．したがって

$$u\in V_1=\mathrm{Span}\{\sqrt{2}\,\varphi(2x-k)\}=\mathrm{Span}\{\varphi_{1,k}(x)\}\tag{1.48}$$

これより，u は次のように表される．

$$u=\sum_{k\in\boldsymbol{Z}}a_k(\sqrt{2}\,\varphi(2x-k))\tag{1.49}$$

(1.11)の証明と同様に，(1.49)の両辺のフーリエ変換を行うことにより

$$\hat{u}(\omega)=a\left(\frac{\omega}{2}\right)\hat{\varphi}\left(\frac{\omega}{2}\right)\tag{1.50}$$

を得る．

ここで

$$a(\omega)=\frac{1}{\sqrt{2}}\sum_{k\in\boldsymbol{Z}}a_ke^{-ik\omega},\quad\omega\in\boldsymbol{R}\tag{1.51}$$

は周期 2π の周期関数である．$u\perp V_0=\mathrm{Span}\{\varphi(x-k)\}$ より

$$\begin{aligned}0&=\langle u,\varphi(x-k)\rangle=\langle\hat{u}(\omega),e^{-ik\omega}\hat{\varphi}(\omega)\rangle\\&=\int_{\boldsymbol{R}}a\left(\frac{\omega}{2}\right)\bar{H}\left(\frac{\omega}{2}\right)\left|\hat{\varphi}\left(\frac{\omega}{2}\right)\right|^2e^{ik\omega}d\omega\\&=\int_0^{2\pi}\sum_{n\in\boldsymbol{Z}}a\left(\frac{\omega}{2}+n\pi\right)\bar{H}\left(\frac{\omega}{2}+n\pi\right)\left|\hat{\varphi}\left(\frac{\omega}{2}+n\pi\right)\right|^2e^{ik\omega}d\omega\end{aligned}$$

$$=\frac{1}{2\pi}\int_0^{2\pi}\left[a\left(\frac{\omega}{2}\right)\bar{H}\left(\frac{\omega}{2}\right)+a\left(\frac{\omega}{2}+\pi\right)\bar{H}\left(\frac{\omega}{2}+\pi\right)\right]e^{ik\omega}d\omega,\quad \forall k\in\boldsymbol{Z}. \tag{1.52}$$

これより次式が得られる．

$$a\left(\frac{\omega}{2}\right)\bar{H}\left(\frac{\omega}{2}\right)+a\left(\frac{\omega}{2}+\pi\right)\bar{H}\left(\frac{\omega}{2}+\pi\right)\equiv 0,\quad \omega\in\boldsymbol{R} \tag{1.53}$$

同様に(1.47)によって

$$\langle u, \psi(x-k)\rangle$$
$$=\frac{1}{2\pi}\int_0^{2\pi}\left[a\left(\frac{\omega}{2}\right)\bar{G}\left(\frac{\omega}{2}\right)+a\left(\frac{\omega}{2}+\pi\right)\bar{G}\left(\frac{\omega}{2}+\pi\right)\right]e^{ik\omega}d\omega=0,\quad \forall k\in\boldsymbol{Z}. \tag{1.54}$$

これより

$$a\left(\frac{\omega}{2}\right)\bar{G}\left(\frac{\omega}{2}\right)+a\left(\frac{\omega}{2}+\pi\right)\bar{G}\left(\frac{\omega}{2}+\pi\right)\equiv 0,\quad \omega\in\boldsymbol{R} \tag{1.55}$$

である．

(1.53)，(1.55)を行列で表現すれば

$$\begin{bmatrix} G(\omega) & G(\omega+\pi) \\ H(\omega) & H(\omega+\pi) \end{bmatrix}\begin{bmatrix} \bar{a}(\omega) \\ \bar{a}(\omega+\pi) \end{bmatrix}=0 \tag{1.56}$$

と表される．U を(1.56)の左辺の最初の行列とする．このとき

$$U\cdot\bar{U}'=\begin{bmatrix} G(\omega) & G(\omega+\pi) \\ H(\omega) & H(\omega+\pi) \end{bmatrix}\begin{bmatrix} \overline{G(\omega)} & \overline{H(\omega)} \\ \overline{G(\omega+\pi)} & \overline{H(\omega+\pi)} \end{bmatrix}$$
$$=\begin{bmatrix} |G(\omega)|^2+|G(\omega+\pi)|^2 & G(\omega)\overline{H(\omega)}+G(\omega+\pi)\overline{H(\omega+\pi)} \\ H(\omega)\overline{G(\omega)}+H(\omega+\pi)\overline{G(\omega+\pi)} & |H(\omega)|^2+|H(\omega+\pi)|^2 \end{bmatrix}$$
$$=\begin{bmatrix} 1 & 0 \\ 0 & 1 \end{bmatrix}\quad (\text{行列 } A \text{ の転置を } A' \text{ で表す}) \tag{1.57}$$

したがって，U はユニタリー行列であることがわかる．(1.56)より

$$a(\omega)=a(\omega+\pi)=0,\quad \omega\in\boldsymbol{R} \tag{1.58}$$

を得る．よって $u=0$ となる．以上により定理1.2の証明が完結した．　□

注意：

（1）　マザーウエーブレット(1.20)の定義により，

$$\psi_{j,k}(x)=2^{j/2}\psi(2^i x-k),\quad k, j\in\boldsymbol{Z} \tag{1.59}$$

とおくとき，$\{\psi_{j,k}(x): k\in \boldsymbol{Z}\}$ は W_j の正規直交基底をなし，

$$\{\psi_{j,k}(x): j, k\in \boldsymbol{Z}\} \tag{1.60}$$

は $L^2(\boldsymbol{R})$ の正規直交基底をなすことがわかる．

（2）　いま

$$\hat{\varphi}(0)\neq 0 \tag{1.61}$$

とする．このときスケーリング方程式(1.11)により

$$H(0)=1 \tag{1.62}$$

したがって，(1.35)より

$$H(\pi)=0 \tag{1.63}$$

となる．さらに，(1.29)，(1.30)より

$$H(0)\overline{G(0)}+H(\pi)\overline{G(\pi)}=\overline{G(0)}=0$$
$$|G(0)|^2+|G(\pi)|^2=|G(\pi)|^2=1$$

すなわち

$$G(0)=0, \quad |G(\pi)|=1 \tag{1.64}$$

である．

（3）　(1.22)より $\hat{\psi}(\omega)=G\left(\frac{\omega}{2}\right)\hat{\varphi}\left(\frac{\omega}{2}\right)$ だから，(1.64)を考慮すると

$$\hat{\psi}(0)=0=\int_{\boldsymbol{R}}\psi(x)dx \tag{1.65}$$

である．(1.65)はマザーウエーブレットに対する非常に基礎的な条件である．

（4）　(1.27)，(1.28)で述べられた $L^2(\boldsymbol{R})$ の分解によって，任意の $f\in L^2(\boldsymbol{R})$ は次のように展開される．

$$f(x)=\sum_{j=-\infty}^{\infty}\sum_{k=-\infty}^{\infty}b_{j,k}\psi_{j,k}(x) \tag{1.66}$$

$$=\sum_{k=-\infty}^{\infty}\alpha_{J,k}\varphi_{J,k}+\sum_{j=J}^{\infty}\sum_{k=-\infty}^{\infty}\beta_{j,k}\psi_{j,k}(x) \tag{1.67}$$

ここに

$$b_{j,k}=\langle f, \psi_{j,k}\rangle, \quad j, k\in \boldsymbol{Z}$$
$$\alpha_{J,k}=\langle f, \varphi_{J,k}\rangle, \quad k\in \boldsymbol{Z}$$
$$\beta_{j,k}=\langle f, \psi_{j,k}\rangle, \quad j\geqq J, k\in \boldsymbol{Z} \tag{1.68}$$

である．さらに，次式が成り立つことも明らかである．

$$\|f\|^2=\sum_{j,k}|b_{j,k}|^2 \tag{1.69}$$

$$=\sum_k |\alpha_{J,k}|^2+\sum_{j=J}^{\infty}\sum_k |\beta_{j,k}|^2. \tag{1.70}$$

1.2　多重解像度解析とウエーブレットのいくつかの例

1.2.1　ハールウエーブレット

第0章でハール直交基底，ハールのマザーウエーブレット関数を導入したが，以下においてMRAを出発点とする系を導入しよう．そのためにはMRAの定義により V_0 とスケーリング関数 $\varphi(x)$ のみを導入すればよい．いま，

$$V_0=\{f(\cdot):f\in L^2(\boldsymbol{R}),\ かつ各区間 [k, k+1) 上で f は定数\}$$

とし，

$$\varphi(x)=\chi_{[0,1)}(x) \tag{1.71}$$

とする．このとき，$\{\varphi(x-k):k\in\boldsymbol{Z}\}$ は V_0 において正規直交基底をなしている．

このことは

a．$\varphi(x-k)\in V_0,\ \forall k\in\boldsymbol{Z}$

b．$\langle\varphi(x-k), \varphi(x-l)\rangle=\delta_{l,k},\quad l, k\in\boldsymbol{Z}$

c．$\boldsymbol{R}$ 上の階段関数の全体は $L^2(\boldsymbol{R})$ において稠密

であることからわかる．さらに，V_j の定義から $V_j=\{f(2^jx):f\in V_0\}$ であり，$\{2^{j/2}\varphi(2^jx-k):k\in\boldsymbol{Z}\}$ は V_j における直交基底となる(定理0.2を参照)．

簡単な計算で

$$\begin{aligned}\hat{\varphi}(\omega)&=\frac{1}{\sqrt{2\pi}}\int_0^1\varphi(x)e^{-i\omega x}dx\\&=\frac{1}{\sqrt{2\pi}}\frac{1}{(-i\omega)}e^{-i\omega x}\Big|_0^1=\frac{1}{\sqrt{2\pi}}\frac{1}{(-i\omega)}[e^{-i\omega}-1]\\&=\frac{e^{-i\frac{\omega}{2}}}{\sqrt{2\pi}}\cdot\frac{(e^{i\frac{\omega}{2}}-e^{-i\frac{\omega}{2}})}{(i\omega)}=\frac{1}{2\pi}e^{-i\frac{\omega}{2}}\frac{\sin(\omega/2)}{\omega/2}\end{aligned} \tag{1.72}$$

$$H\left(\frac{\omega}{2}\right)=\frac{\hat{\varphi}(\omega)}{\hat{\varphi}(\omega/2)},\ あるいは$$

$$H(\omega)=\frac{\hat{\varphi}(2\omega)}{\hat{\varphi}(\omega)}=\frac{1}{2}\frac{e^{-2i\omega}-1}{e^{-i\omega}-1}=\frac{1}{2}(1+e^{-i\omega}) \tag{1.73}$$

となることがわかる．これより

$$h_0=\frac{1}{\sqrt{2}},\quad h_1=\frac{1}{\sqrt{2}},\quad h_k\equiv 0,\quad k\neq 0, 1 \qquad ((1.12)\text{を参照}) \tag{1.74}$$

(1.18)，(1.19)によって

$$g_k=(-1)^k\bar{h}_{1-k}$$

$$g_0=h_1=\frac{1}{\sqrt{2}},\quad g_1=-h_0=-\frac{1}{\sqrt{2}},\quad g_k\equiv 0,\quad k\neq 0, 1. \tag{1.75}$$

したがって

$$G(\omega)=\frac{1}{\sqrt{2}}(g_0+g_1e^{-i\omega})=\frac{1}{\sqrt{2}}\left(\frac{1}{\sqrt{2}}-\frac{1}{\sqrt{2}}e^{-i\omega}\right)=\frac{1}{2}(1-e^{-i\omega}) \tag{1.76}$$

を得る．さらに(1.20)により

$$\psi(x)=\sqrt{2}\,(g_0\varphi(2x)+g_1\varphi(2x-1))=\varphi(2x)-\varphi(2x-1)$$

$$=\begin{cases} 1, & 0\leqq x<\frac{1}{2} \\ -1, & \frac{1}{2}\leqq x<1 \\ 0, & \text{その他} \end{cases} \tag{1.77}$$

である．$|H(\omega)|$ および $|G(\omega)|$ の応答関数の振幅については

$$|H(\omega)|^2=\frac{1}{2}(1+\cos\omega) \tag{1.78}$$

$$|G(\omega)|^2=\frac{1}{2}(1-\cos\omega) \tag{1.79}$$

である．これらのことより H および G はそれぞれローパスフィルター（low pass filter）およびハイパスフィルター（high pass filter）の周波数応答関数に対応していることがわかる．

すでに述べたようにハールウエーブレットは周波数領域において望ましい消失性（キャンセレーション）を持っていない．ハールウエーブレット ψ のフーリエ変換は

$$\hat{\psi}(\omega)=G\left(\frac{\omega}{2}\right)\hat{\varphi}\left(\frac{\omega}{2}\right)$$

$$=\frac{1}{2}(1-e^{-i\frac{\omega}{2}})\frac{1}{\sqrt{2\pi}}\,\frac{e^{-i\frac{\omega}{2}}-1}{\left(-i\frac{\omega}{2}\right)}=\frac{-e^{-i\frac{\omega}{2}}}{2\sqrt{2\pi}}\,\frac{(1-e^{i\frac{\omega}{2}})(1-e^{-i\frac{\omega}{2}})}{i\frac{\omega}{2}}$$

$$=\frac{e^{-i\frac{\omega}{2}}}{\sqrt{2\pi}}\frac{\left(1-\cos\frac{\omega}{2}\right)}{\frac{\omega}{2}}e^{i\frac{\pi}{2}}=\frac{e^{-\frac{i}{2}(\omega-\pi)}}{\sqrt{2\pi}}\frac{\left(1-\cos\frac{\omega}{2}\right)}{\frac{\omega}{2}} \tag{1.80}$$

である．

これからも明らかであるが，$|\hat{\psi}(\omega)|$ は $|\omega|\to\infty$ のとき急速には減衰しないことがわかる．

1.2.2　シャノンウエーブレット

いま

$$V_0=\{f\in L^2(\boldsymbol{R}):\hat{f}(\omega)\text{ の台が }\Pi=[-\pi,\pi]\text{ に含まれる}\} \tag{1.81}$$

$$\varphi(x)=\left[\frac{1}{\sqrt{2\pi}}\chi_\Pi(\omega)\right]^\vee$$

$$=\frac{1}{\sqrt{2\pi}}\int_{-\pi}^{\pi}\frac{1}{\sqrt{2\pi}}e^{i\omega x}d\omega=\frac{1}{2\pi}\frac{e^{i\pi x}-e^{-i\pi x}}{ix}=\frac{\sin\pi x}{\pi x} \tag{1.82}$$

とおく．明らかに

$$\sum_k|\hat{\varphi}(\omega+2k\pi)|^2=\frac{1}{2\pi}\left(\sum_k\chi_\Pi(\omega+2k\pi)\right)=\frac{1}{2\pi},\quad \text{a.a.}\quad \omega\in\boldsymbol{R} \tag{1.83}$$

が成り立つ．したがって，定理1.1および後述の(1.99)より $\{\varphi(x-k):k\in\boldsymbol{Z}\}$ は V_0 において正規直交基底をなすことがわかる．

プランシュレルの定理から

$$h_k=\sqrt{2}\int_{\boldsymbol{R}}\varphi(x)\overline{\varphi(2x-k)}\,dx=\langle\varphi,\varphi_{1,k}\rangle=\langle\hat{\varphi},\hat{\varphi}_{1,k}\rangle\quad ((1.10)\text{を参照})$$

ここに，$\hat{\varphi}_{1,k}=(\sqrt{2}\,\varphi(2x-k))^\wedge=\sqrt{2}\,e^{-ik\frac{\omega}{2}}\hat{\varphi}\left(\frac{\omega}{2}\right)\frac{1}{2}$ である．したがって

$$h_k=\sqrt{2}\int_{\boldsymbol{R}}\hat{\varphi}(\omega)e^{ik\frac{\omega}{2}}\hat{\varphi}\left(\frac{\omega}{2}\right)\frac{d\omega}{2}=\sqrt{2}\int_{\boldsymbol{R}}\hat{\varphi}(\Omega)e^{ik\Omega}\hat{\varphi}(2\Omega)d\Omega,\quad -\frac{\pi}{2}\leqq\Omega\leqq\frac{\pi}{2}$$

$$=\sqrt{2}\int_{-\frac{\pi}{2}}^{\frac{\pi}{2}}e^{ik\Omega}\left(\frac{1}{\sqrt{2\pi}}\right)^2d\Omega=\frac{\sqrt{2}}{2\pi}\frac{(e^{ik\frac{\pi}{2}}-e^{-ik\frac{\pi}{2}})}{ik}=\frac{\sqrt{2}}{\pi}\frac{\sin\frac{k\pi}{2}}{k} \tag{1.84}$$

$$h_k=\begin{cases}\dfrac{1}{\sqrt{2}}, & k=0\\ 0, & k=2n,\ n\neq 0 \quad k\in\boldsymbol{Z}\\ \dfrac{\sqrt{2}}{\pi}\dfrac{(-1)^n}{2n+1}, & k=2n+1\end{cases} \tag{1.85}$$

$$g_k=(-1)^k\bar{h}_{1-k}=\begin{cases}-\dfrac{1}{\sqrt{2}}, & k=1\\ 0, & k=2n+1,\ n\neq 0 \quad k\in\boldsymbol{Z}\\ \dfrac{\sqrt{2}}{\pi}\dfrac{(-1)^{n-1}}{2n-1}, & k=2n\end{cases} \tag{1.86}$$

$$H(\omega)=\frac{\hat{\varphi}(2\omega)}{\hat{\varphi}(\omega)}=\begin{cases}1, & -\dfrac{\pi}{2}\leqq\omega<\dfrac{\pi}{2}\\ 0, & \left(-\pi\leqq\omega<-\dfrac{\pi}{2}\right)\cup\left(\dfrac{\pi}{2}\leqq\omega<\pi\right)\end{cases} \tag{1.87}$$

となる．

このとき，さらにこれを周期 2π の周期関数に拡張することができる．また

$$G(\omega)=\frac{1}{\sqrt{2}}\sum_k g_k e^{-ik\omega} \tag{1.88}$$

$$=-e^{-i\omega}\bar{H}(\omega+\pi) \tag{1.89}$$

$$=\begin{cases}-e^{-i\omega}, & -\dfrac{3\pi}{2}\leqq\omega<-\dfrac{\pi}{2}\\ 0, & \left(-2\pi\leqq\omega<-\dfrac{3\pi}{2}\right)\cup\left[-\dfrac{\pi}{2},0\right)\end{cases} \tag{1.90}$$

である．これを用いてシャノンウエーブレットは次のようにして構成される．

$$\hat{\psi}(\omega)=G\left(\frac{\omega}{2}\right)\hat{\varphi}\left(\frac{\omega}{2}\right)$$

ここで

$$G\left(\frac{\omega}{2}\right)=\begin{cases}-e^{-i\frac{\omega}{2}}, & -\dfrac{3\pi}{2}\leqq\dfrac{\omega}{2}<-\dfrac{\pi}{2}\\ 0, & \left(-2\pi\leqq\dfrac{\omega}{2}<-\dfrac{3\pi}{2}\right)\cup\left(-\dfrac{\pi}{2}\leqq\dfrac{\omega}{2}<0\right)\end{cases}$$

$$=\begin{cases}-e^{-i\frac{\omega}{2}}, & -3\pi\leqq\omega<-\pi\\ 0, & (-4\pi\leqq\omega<-3\pi)\cup(-\pi\leqq\omega<0)\end{cases} \tag{1.91}$$

$$\hat{\varphi}\left(\frac{\omega}{2}\right)=\begin{cases}\dfrac{1}{\sqrt{2\pi}}, & -2\pi\leqq\omega<2\pi \\ 0, & \text{その他}\end{cases} \tag{1.92}$$

$$\hat{\psi}(\omega)=\begin{cases}-\dfrac{1}{\sqrt{2\pi}}e^{-i\frac{\omega}{2}}, & (-2\pi\leqq\omega<-\pi)\cup(\pi\leqq\omega<2\pi) \\ 0, & \text{その他}\end{cases} \tag{1.93}$$

これより

$$\psi(t)=[\hat{\psi}(\omega)]^{\vee}=\frac{1}{\sqrt{2\pi}}\int_R\hat{\psi}(\omega)e^{it\omega}d\omega=\frac{-1}{2\pi}\left(\int_{-2\pi}^{-\pi}+\int_{\pi}^{2\pi}\right)e^{i\omega\left(t-\frac{1}{2}\right)}\Big)d\omega$$

$$=\frac{1}{\pi}\frac{\sin\pi\left(t-\frac{1}{2}\right)-\sin2\pi\left(t-\frac{1}{2}\right)}{t-\frac{1}{2}} \tag{1.94}$$

明らかに

$$\hat{\psi}(0)=0,\quad \hat{\psi}^{(n)}(0)=0,\quad n\geqq1, \tag{1.95}$$

あるいはこれと同等だが，時間領域において

$$\int_R\psi(t)dt=0,\quad \int_R t^n\psi(t)dt=0,\quad n\geqq1 \tag{1.96}$$

が成り立つ．したがって $\psi(t)$ は時間領域において非常に望ましい消失性を持ち，周波数領域において有界な台を持つことがわかる．

いま f を，$f\in V_0$ で

$$\hat{f}(\omega)=0,\quad |\omega|>\pi \tag{1.97}$$

を満たす関数とする．このとき，$\hat{f}(\omega)$ はフーリエ級数として次のように展開できる．

$$\hat{f}(\omega)=\frac{1}{\sqrt{2\pi}}\sum_n c_ne^{-in\omega},\quad |\omega|\leqq\pi$$

$$c_n=\frac{1}{\sqrt{2\pi}}\int_{-\pi}^{\pi}\hat{f}(\omega)e^{in\omega}d\omega=f(n) \tag{1.98}$$

$$f(t)=\frac{1}{\sqrt{2\pi}}\int_R\hat{f}(\omega)e^{it\omega}d\omega=\frac{1}{\sqrt{2\pi}}\int_{-\pi}^{\pi}\hat{f}(\omega)e^{it\omega}d\omega$$

$$=\frac{1}{\sqrt{2\pi}}\left[\frac{1}{\sqrt{2\pi}}\sum_n c_n\int_{-\pi}^{\pi}e^{-in\omega}e^{it\omega}d\omega\right]=\frac{1}{2\pi}\sum_n f(n)\int_{-\pi}^{\pi}e^{i\omega(t-n)}d\omega$$

$$=\sum_n f(n)\frac{\sin\pi(t-n)}{\pi(t-n)}=\sum_n f(n)\varphi(t-n)\in V_0\quad \text{((1.82)を参照)}. \tag{1.99}$$

これはシャノンの標本化定理（Shannon's sampling theorem）と呼ばれる有名な関係式である．

(1.99)の関係式は

$$\langle f(t), \varphi(t-n)\rangle = \langle \hat{f}(\omega), e^{-in\omega}\hat{\varphi}(\omega)\rangle$$
$$= \frac{1}{\sqrt{2\pi}}\sum_k f(k)\int_{\boldsymbol{R}} e^{-ik\omega}\hat{\varphi}(\omega)e^{in\omega}d\omega$$
$$= \frac{1}{\sqrt{2\pi}}\sum_k f(k)\int_{-\pi}^{\pi}\frac{1}{\sqrt{2\pi}}e^{i(n-k)\omega}d\omega = f(n)$$

となることからも理解できる．

1.2.3　ルマリエ-メイエ(Lemarié-Meyer)ウエーブレット

いま

$$h(\omega) = \begin{cases} C\left[\left(\frac{\pi}{3}\right)^2 - \omega^2\right]^2, & |\omega| < \frac{\pi}{3} \\ 0, & \text{その他} \end{cases} \tag{1.100}$$

を考える．ここで C は

$$\int_{\boldsymbol{R}} h(\omega)d\omega = 1 \tag{1.101}$$

を満たす定数である．

$$\hat{\varphi}(\omega) = \frac{1}{\sqrt{2\pi}}\left(\int_{\omega-\pi}^{\omega+\pi} h(u)du\right)^{1/2} \tag{1.102}$$

とおくと，その逆フーリエ変換 $\varphi(x)$ は

$$V_0 = \mathrm{Span}\{\varphi(x-k) : k \in \boldsymbol{Z}\}$$
$$V_j = \{u(2^j\cdot) : u(\cdot) \in V_0\} \tag{1.103}$$

に対するスケーリング関数である．

実際

$$\sum_k |\hat{\varphi}(\omega + 2k\pi)|^2$$
$$= \frac{1}{2\pi}\sum_k \int_{\omega+(2k-1)\pi}^{\omega+(2k+1)\pi} h(u)du = \frac{1}{2\pi}\int_{\boldsymbol{R}} h(u)du = \frac{1}{2\pi} \tag{1.104}$$

より，$\{\varphi(x-k) : k \in \boldsymbol{Z}\}$ は V_0 において正規直交基底をなすことがわかる．

(1.102)およびスケーリング方程式(1.11)，(1.22)を用いてマザーウエーブレット $\psi(x)$ を得ることは容易である．ルマリエ-メイエウエーブレットの概形は

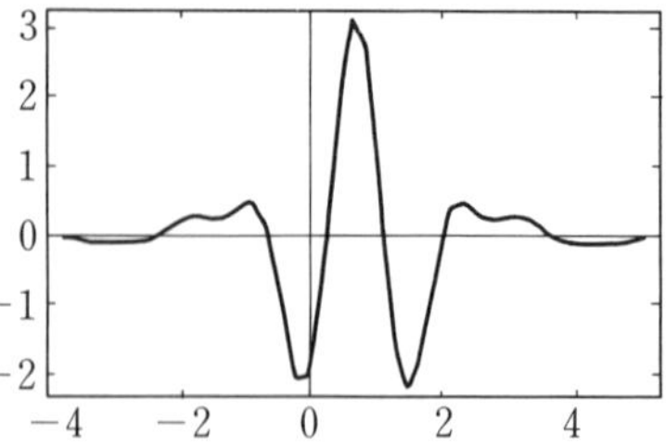

図 1-1　ルマリエ-メイエのマザーウエーブレット

図1-1で与えられている．(1.100)によりルマリエ-メイエウエーブレットは周波数領域において有界な台を持つことがわかる．

1.3　周期ウエーブレット

三角関数系や周期関数は確率過程の理論において非常に重要な役割を果たすことはよく知られている．同様に本項で導入される周期ウエーブレット系（periodic wavelet system）は数学的解析の対象として興味のあるものである．この話題についての比較的まとまった入門書としてWojtaszczyk（1997）がある．φ および $\psi\in L^1(\boldsymbol{R})$ をそれぞれスケーリング関数およびウエーブレットとする．各 $j\geqq 0$ に対して

$$\psi_{j,k}^{per}(x)\triangleq\sum_{s\in\boldsymbol{Z}}2^{j/2}\psi(2^j(x+s)-k)=\sum_{s\in\boldsymbol{Z}}\psi_{j,k}(x+s) \tag{1.105}$$

と定める．明らかに

（1）　$\psi_{j,k}^{per}(x)=\psi_{j,k}^{per}(x+n),\quad\forall n\in\boldsymbol{Z}$　((1.105)より)　(1.106)

である．(1.106)は $\psi_{j,k}^{per}(x)$ が周期1の周期関数であることを示している．

（2）

$$\begin{aligned}\psi_{j,k+2^j}^{per}(x)&=\sum_{s\in\boldsymbol{Z}}2^{j/2}\psi(2^j(x+s)-(k+2^j))\\&=\sum_{s\in\boldsymbol{Z}}2^{j/2}\psi(2^jx+2^j(s-1)-k)\\&=\sum_{s\in\boldsymbol{Z}}2^{j/2}\psi(2^j(x+s)-k)=\psi_{j,k}^{per}(x).\end{aligned} \tag{1.107}$$

（3）　フーリエ係数については

$$\hat{\psi}_{j,k}^{per}(s)=\sqrt{2\pi}\,\hat{\psi}_{j,k}(2\pi s)=2^{-j/2}e^{-2\pi isk\cdot 2^{-j}}\hat{\psi}\left(\frac{2\pi s}{2^j}\right). \tag{1.108}$$

（3）を証明する前にポアソンの和公式と呼ばれる関係式を示そう．$f\in L^1(\boldsymbol{R})$

に対して

$$f^{per}(x)=\sum_n f(x+n) \tag{1.109}$$

とおくと $\hat{f}^{per}(k)=\sqrt{2\pi}\hat{f}(2k\pi)$ となる．実際，周期 l の周期関数に対して，そのフーリエ係数は

$$\hat{f}^{per}(k)=\frac{1}{l}\int_0^l f^{per}(x)e^{-ikx(2\pi/l)}dx$$

で定められる．特に $l=1$ のとき

$$\begin{aligned}\hat{f}^{per}(k)&=\sum_n\int_0^1 f(x+n)e^{-ik\pi(2x)}dx,\\&=\sum_n\int_n^{n+1}f(u)e^{-ik(u-n)2\pi}du=\sum_n\left(\int_n^{n+1}f(u)e^{-2i\pi ku}du\right)e^{ikn(2\pi)}\quad(u=x+n)\\&=\int_R f(u)e^{-2i\pi ku}du=\sqrt{2\pi}\hat{f}(2k\pi)\end{aligned} \tag{1.110}$$

これより

$$\hat{\psi}_{j,k}^{per}(s)=\sqrt{2\pi}\hat{\psi}_{j,k}(2\pi s)=2^{-j/2}e^{-2\pi isk2^{-j}}\hat{\psi}\left(\frac{2\pi s}{2^j}\right) \tag{1.111}$$

を得る．

$$\hat{\psi}(4\pi k)=G(2\pi k)\hat{\varphi}(2\pi k)=0,\quad \forall k\in \boldsymbol{Z} \tag{1.112}$$

((1.64)より $G(2\pi k)=G(0)=0$，(1.65)から $\hat{\psi}(0)=0$)

だから(1.111)によって $j<0$ に対して $\hat{\psi}_{j,k}^{per}(s)\equiv 0$ となる．よって

（4） $\psi_{j,k}^{per}(x)=0,\quad j<0,\quad \forall k\in \boldsymbol{Z}$ (1.113)

さらに(1.107)から

$$\psi_{j,k+2^j}^{per}(x)=\psi_{j,k}^{per}(x)$$

であるから $j\geqq 0$ に対しては有限集合

$$\{\psi_{j,k}^{per}(x):k\in\{0,1,2,\cdots,2^j-1\}\} \tag{1.114}$$

のみを考えればよい．

同様にしてスケーリング関数 φ に対して

$$\varphi_{j,k}^{per}(x)\triangleq\sum_{s\in \boldsymbol{Z}}\varphi_{j,k}(x+s) \tag{1.115}$$

と定義する．これは周期1の周期関数である．さらに次の関係式が得られる．

$$\begin{cases} \hat{\varphi}_{j,k}^{per}(s)=2^{-j/2}e^{-2\pi isk2^{-j}}\hat{\varphi}\left(\dfrac{2\pi s}{2^j}\right) \\ \varphi_{j,k+2^j}^{per}(x)=\varphi_{j,k}^{per}(x) \\ \varphi_{j,k}^{per}(x)\equiv\text{const.},\quad j\leqq 0,\quad \forall k\in\boldsymbol{Z} \end{cases} \tag{1.116}$$

(1.116)の最後の性質は(1.127)で示される．

いま

$$\tilde{V}_j=\mathrm{Span}\{\varphi_{j,k}^{per}:k\in I_j\},\quad j\geqq 0,\quad I_j=\{0,1,2,\cdots,2^j-1\} \tag{1.117}$$

とおく．このとき次の定理を得る．

定理 1.3　$|\psi|^{per}, |\varphi|^{per}$ は有界関数とする．このとき

a．$\tilde{V}_0\subset\tilde{V}_1\subset\cdots$

b．各 $j\geqq 0$ に対して $\{\varphi_{j,k}^{per}:k\in I_j\}$ は $\tilde{V}_j$ において正規直交基底をなす．

c．各 $j\geqq 0$ に対して系

$$1,\ \psi_{s,k}^{per}\ ;\ s=0,1,\cdots,j-1,\quad k=0,1,\cdots,2^s-1$$

は $\tilde{V}_j$ において正規直交基底をなす．

d．$\bigcup_{j=0}^{\infty}\tilde{V}_j$ は $L^2[0,1]$ において稠密である．したがって

$$\{1,\ \psi_{j,k}^{per}:j\geqq 0,\quad k\in I_j\} \tag{1.118}$$

は $L^2[0,1]$ において正規直交基底をなす．

この定理から，$\forall f\in L^2[0,1]$ に対して

$$\begin{aligned} f(x)&=\sum_{k\in I_l}\alpha_{l,k}\varphi_{l,k}^{per}(x)+\sum_{j\geqq l}\sum_{k\in I_j}\beta_{j,k}\psi_{j,k}^{per}(x) \\ &=\sum_{j\geqq 0}{}'\sum_{k\in I_j}\beta_{j,k}\psi_{j,k}^{per}(x) \end{aligned} \tag{1.119}$$

と展開できることがわかる．ここで，Σ' は(1.119)における和が定数を含んでいることを表す（(1.118)を参照)．また

$$\alpha_{l,k}=\langle f,\varphi_{l,k}^{per}\rangle=\int_0^1\overline{\varphi_{l,k}^{per}(x)}f(x)dx,\quad \beta_{l,k}=\langle f,\psi_{l,k}^{per}\rangle=\int_0^1\overline{\psi_{l,k}^{per}(x)}f(x)dx, \tag{1.120}$$

(Daubechies（1992）を参照)

である．

周期 2π の周期関数を得るためには次の変換を行えばよい．

$$\begin{cases} \varphi_{j,k}^{per}(x)=\dfrac{1}{\sqrt{2\pi}}\sum_n \varphi_{j,k}\left(\dfrac{x+\pi}{2\pi}+n\right) \\ \psi_{j,k}^{per}(x)=\dfrac{1}{\sqrt{2\pi}}\sum_n \psi_{j,k}\left(\dfrac{x+\pi}{2\pi}+n\right) \end{cases} \quad j\geqq 0, \quad k\in I_j. \tag{1.121}$$

定理 1.3 の完全な証明は Wojtaszczyk (1997) で与えられている．ここではいくつかの注意点のみを挙げておく．

（1） $\tilde{V}_s\subset\tilde{V}_j,\ \ 0\leqq s\leqq j.$

実際，

$$\int_0^1|f(x)|^{per}dx=\sum_n\int_0^1|f(x+n)|dx=\sum_n\int_n^{n+1}|f(u)|du=\int_{\boldsymbol{R}}|f(u)|du<\infty \tag{1.122}$$

したがって定理の仮定より $\varphi,\psi\in L^1(\boldsymbol{R})$ である．$s\leqq j$ とする．このとき $V_s\subset V_j$ だから $\varphi_{s,k}\in V_j$，したがって $\varphi_{s,k}=\sum_r \alpha_r\varphi_{j,r}$，$\alpha_r=\langle\varphi_{s,k},\varphi_{j,r}\rangle$ と表される．さらに

$$\begin{aligned}\sum_r|\alpha_r|&=\sum_r|\langle\varphi_{s,k},\varphi_{j,r}\rangle|=\sum_r\left|2^{s/2}\cdot 2^{j/2}\int_{\boldsymbol{R}}\varphi(2^sx-k)\overline{\varphi(2^jx-r)}dx\right| \\ &\leqq\sum_r 2^{(s+j)/2}\int_{\boldsymbol{R}}|\varphi(2^sx-k)\overline{\varphi(2^jx-r)}|dx \\ &=2^{(s+j)/2}\int_{\boldsymbol{R}}|\varphi(2^sx-k)|\left(\sum_r|\overline{\varphi(2^jx+r)}|\right)dx \\ &=2^{(s+j)/2}\int_{\boldsymbol{R}}|\varphi(2^sx-k)|\cdot|\varphi|^{per}(2^jx)dx \\ &\leqq C\cdot 2^{(s+j)/2}\int_{\boldsymbol{R}}|\varphi(2^sx-k)|dx<\infty. \end{aligned} \tag{1.123}$$

同様にして $\psi_{s,k}=\sum_r\beta_r\varphi_{jr}$，$(\psi_{s,k}\in V_j,\ s<j)$，

$$\sum_r|\beta_r|<\infty \tag{1.124}$$

と展開できる．以上より $\varphi_{s,k}^{per},\psi_{s,k}^{per}\in\tilde{V}_j$ であることがわかる．それは

$$\begin{aligned}\varphi_{s,k}^{per}(x)&=\sum_n\varphi_{s,k}(x+n)=\sum_n\left(\sum_r\alpha_r\varphi_{j,r}(x+n)\right)=\sum_r\left(\alpha_r\sum_n\varphi_{j,r}(x+n)\right) \\ &=\sum_r\alpha_r\varphi_{j,r}^{per}\in\tilde{V}_j\end{aligned} \tag{1.125}$$

となるからである．$\psi_{s,k}^{per}$ についても同様である．

（2） $\tilde{V}_0$ のすべての要素は定数である．

実際，

$$\hat{\varphi}(2k\pi)=0, \quad k\in \boldsymbol{Z}, \quad k\neq 0 \tag{1.126}$$

が示され，したがって $j\leqq 0$ に対して，(1.116)よりフーリエ係数は

$$\hat{\varphi}_{j,k}^{per}(s)=\sqrt{2\pi}2^{|j|/2}e^{-2\pi isk2^{|j|}}\hat{\varphi}(2\pi\cdot 2^{|j|}\cdot s)\equiv 0, \forall s\in \boldsymbol{Z}, s\neq 0$$

を満たす．よって

$$\varphi_{j,k}^{per}(x)\equiv \text{const.}, \quad j\leqq 0. \tag{1.127}$$

特に $j=0$ に対して

$$I_j=\{0\}, \quad \tilde{V}_0=\text{Span}\{\varphi_{0,0}^{per}(x)\} \tag{1.128}$$

であり，したがって $\tilde{V}_0$ のすべての要素は定数である．

（3） $\{1, \psi_{s,k}^{per} : s=0, 1, \cdots, j-1, k=0, 1, \cdots, 2^s-1\}, j\geqq 0$ の正規直交性について．

これは次のことからわかる．$\psi_{j,k}^{per}(x)$ の定義より

$$\begin{aligned}
I &\triangleq \int_0^1 \psi_{t,k}^{per}(x)\overline{\psi_{s,l}^{per}(x)}\,dx=\int_0^1 \psi_{t,k}^{per}(x)\overline{\left(\sum_n \psi_{s,l}(x+n)\right)}dx \\
&=\sum_m \int_R \psi_{t,k}(u+m)\overline{\psi_{s,l}(u)}\,du \\
&=\sum_m \int_R \psi_{t,k-2^j m}(u)\overline{\psi_{s,l}(u)}\,du.
\end{aligned}$$

明らかに $t\neq s$ のとき $I=0$ である．また $t=s$ のとき(1.117)の集合のなかで，$l=k-2^j m$ を満たす2つの整数が存在するのは $m=0$ のときだけだから

$$\int_0^1 |\psi_{s,k}^{per}(x)|^2 dx=\int_R |\psi_{s,k}(u)|^2 du=1.$$

さらに

$$\begin{aligned}
\langle \psi_{s,k}^{per}, 1\rangle &=\int_0^1 \psi_{s,k}^{per}(x)dx=\sum_n \int_0^1 \psi_{s,k}(x+n)dx \\
&=\int_R \psi_{s,k}(x)dx=2^{-s/2}\int_R \psi(u)du=0 \quad \text{((1.65)を参照)}
\end{aligned}$$

である．

（4） （3）において，$t=s$ のとき直交性を導いたのと同様な議論を，ψ のかわりに φ に適用することにより，定理1.3の結論(b)が得られる．

1.4　ウエーブレットの構成

これまでの節で述べられたことからわかるように，スケーリング関数 φ，マザーウエーブレット ψ はウエーブレット解析において非常に重要な役割を果たし

ている．以下において時間領域において有界な台を持つウエーブレットを構成しよう．

1.4.1　時間領域において有界な台を持つウエーブレットの反復法による構成

スケーリング方程式より

$$\varphi(x)=\sqrt{2}\sum_k h_k\varphi(2x-k) \tag{1.129}$$

が成り立つ．いま次のような反復を考える．

$$\eta_0(x)=\chi_{[-\frac{1}{2},\frac{1}{2}]}(x) \tag{1.130}$$

$$\eta_{n+1}(x)=\sqrt{2}\sum_k h_k\eta_n(2x-k)\quad(n\geqq 0) \tag{1.131}$$

ここで，もし $\{h_k\}_k$ が有限項からなるときは，適当な条件のもとで η_n がある有界な台をもつスケーリング関数 $\varphi(x)$ に収束することが予想される．実際次の定理が得られる．

定理 1.4

$$H(\omega)=\frac{1}{\sqrt{2}}\sum_k h_k e^{-ik\omega} \tag{1.132}$$

とおくとき，$H(\omega)$ は $H(0)=1$ を満たし

$$H(\omega)=\left[\frac{1+e^{-i\omega}}{2}\right]^N F(\omega) \tag{1.133}$$

と表されるとする．ここに，N は適当に選ばれた正の整数で

$$F(\omega)=\sum_k f_k e^{-ik\omega},\quad \omega\in\boldsymbol{R} \tag{1.134}$$

である．さらに $\varepsilon>0$ が存在して

$$\sum_k |k|^2\cdot|f_k|^\varepsilon<\infty \tag{1.135}$$

$$\sup_{\omega\in\boldsymbol{R}}|F(\omega)|<2^{N-1} \tag{1.136}$$

が成り立っているとする．

以上の条件のもとで，$\{\eta_n(x)\}$ はある連続関数 $\varphi(x)\in L^2(\boldsymbol{R})$ に各点収束する．さらに

$$V_j=\mathrm{Span}\{\varphi_{j,k}=2^{j/2}\varphi(2^jx-k):k\in\boldsymbol{Z}\} \tag{1.137}$$

とおいたとき，$\{V_j\}_{j\in\boldsymbol{Z}}$ は $L^2(\boldsymbol{R})$ の MRA となり，$\varphi(x)$ はそのスケーリング関

数となる．

さらに

$$\varphi(x)=\frac{1}{\sqrt{2\pi}}\left[\prod_{j=1}^{\infty}H(2^{-j}\omega)\right]^{\vee}(x) \tag{1.138}$$

である．

証明の概略は，6.11 節で述べられているので参照されたい．詳しくは Daubechies（1988），Liu and Di（1992）を見られたい．

例えば

$$h_0=\frac{1\mp\sqrt{3}}{4\sqrt{2}},\quad h_1=\frac{3\mp\sqrt{3}}{4\sqrt{2}}$$
$$h_2=\frac{3\pm\sqrt{3}}{4\sqrt{2}},\quad h_3=\frac{1\pm\sqrt{3}}{4\sqrt{2}} \tag{1.139}$$

とすると

$$H(\omega)=\left[\frac{1}{2}(1+e^{-i\omega})\right]^2\cdot\frac{1}{2}\left[(1\mp\sqrt{3})+(1\pm\sqrt{3})e^{-i\omega}\right],\quad N=2$$
$$H(0)=1$$
$$F(\omega)=\frac{1}{2}[(1\mp\sqrt{3})+(1\pm\sqrt{3})e^{-i\omega}]$$
$$\sup_{\omega\in\boldsymbol{R}}|F(\omega)|\leqq\sqrt{3}<2^{N-1}=2 \tag{1.140}$$

である．

$\{f_k\}$ は有限項からなるので，任意の $\varepsilon>0$ に対して(1.135)が成り立つ．したがって，$\{h_n\}$ はある有界な台（$|\mathrm{supp}\ \varphi|=|\mathrm{supp}\ \psi|=3$）を持つスケーリング関数に対応しているものであると考えられる．以下でこのことを確かめよう．

いま $n<N_-$ および $n>N_+$ に対して $h_n=0$ と仮定する．このとき η_l は有界な台を持つ．

$$\mathrm{supp}\ \eta_l=[N_l^-, N_l^+] \tag{1.141}$$

ここで

$$N_l^-=\frac{[N_{l-1}^-+N_-]}{2}, N_l^+=\frac{[N_{l-1}^++N_+]}{2} \tag{1.142}$$

で，l は反復の回数を表す．

$N_0^-=-\dfrac{1}{2}, N_0^+=\dfrac{1}{2}$ から出発するから

$$N_l^- = -\frac{1}{2^{l+1}} + \left(\frac{1}{2} + \frac{1}{2^2} + \cdots + \frac{1}{2^l}\right)N_- \to N_-, \quad (l \to \infty) \tag{1.143}$$

$$N_l^+ = \frac{1}{2^{l+1}} + \left(\frac{1}{2} + \frac{1}{2^2} + \cdots + \frac{1}{2^l}\right)N_+ \to N_+, \quad (l \to \infty) \tag{1.144}$$

である．したがって(1.139)によって作られる $\varphi(x)$ の台は

$$\mathrm{supp}\ \varphi = [N_-, N_+] = [0, 3]$$

$$\mathrm{supp}\ \psi = \left[\frac{1-N_+ + N_-}{2}, \frac{1+N_+ - N_-}{2}\right] = [-1, 2] \tag{1.145}$$

となる．

Daubechies (1992) において φ あるいは ψ を構成するための多くの実用的な $\{h_n\}$ が提案されている．例えば

$N=3$: $h_0=.332670$, $h_1=.806891$, $h_2=.459877$,
$h_3=-.135011$, $h_4=-.085441$, $h_5=.035226$,

$N=5$: $h_0=.160102$, $h_1=.603829$, $h_2=.724308$,
$h_3=.138428$, $h_4=-.242294$, $h_5=-.032244$,
$h_6=.077571$, $h_7=-.006241$, $h_8=-.012580$,
$h_9=.003335$,

$N=7$: $h_0=.077852$, $h_1=.369539$, $h_2=.729132$,
$h_3=.469782$, $h_4=-.143906$, $h_5=-.224036$,
$h_6=.071309$, $h_7=.080612$, $h_8=-.038029$,
$h_9=-.016574$, $h_{10}=.012550$, $h_{11}=.000429$,
$h_{12}=-.001801$, $h_{13}=.000353$,

等々．

図 1-2 は $N=7$ として反復法によって得られたドベシィ (I. Daubechies) の

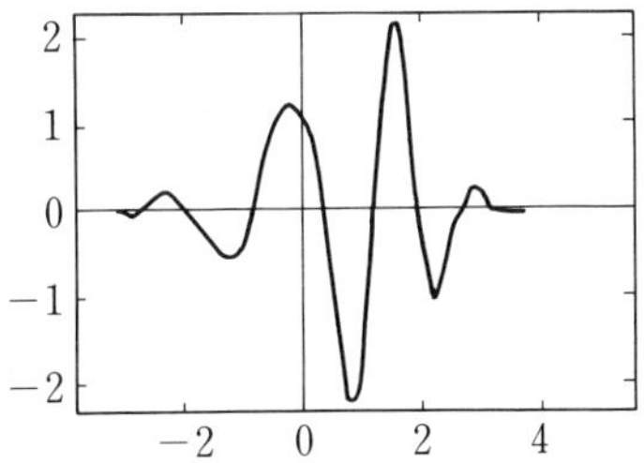

図 1-2 ドベシィのマザーウエーブレット ($N=7$)

ウエーブレット関数を描いたものである．

1.4.2　他の有益なウエーブレットの例(1)

a.　一般のメイエ（Meyer）ウエーブレット

P をその台が $\left[-\frac{\pi}{3}, \frac{\pi}{3}\right]$ に含まれる確率測度とし，スケーリング関数 $\varphi(x)$ を，そのフーリエ変換 $\hat{\varphi}(\omega)$ が

$$\hat{\varphi}(\omega)=\left[\frac{1}{2\pi}\int_{\omega-\pi}^{\omega+\pi} dP\right]^{1/2}$$

となる関数とする．このとき，$\hat{\varphi}(\omega)$ は $\left[-\frac{4\pi}{3}, \frac{4\pi}{3}\right]$ の中に台を持ち，$\hat{\varphi}(\omega)\equiv \frac{1}{\sqrt{2\pi}}$，$|\omega|<\frac{2}{3}\pi$ である．また

$$\sum_k \left|\hat{\varphi}(\omega+2k\pi)\right|^2=\frac{1}{2\pi}\sum_k \int_{\omega+(2k-1)\pi}^{\omega+(2k+1)\pi} dP=\frac{1}{2\pi}\int_R dP=\frac{1}{2\pi}$$

となるから $\{\varphi(x-k)\}_k$ は直交系をなしていることがわかる（定理1.1を参照）．スケーリング方程式(1.11)によって

$$\hat{\varphi}(\omega)=H\left(\frac{\omega}{2}\right)\hat{\varphi}\left(\frac{\omega}{2}\right)$$

$$H\left(\frac{\omega}{2}\right)=\begin{cases}\sqrt{2\pi}\,\hat{\varphi}(\omega), & |\omega|\leqq\frac{4\pi}{3}\\ 0, & \frac{4\pi}{3}<|\omega|\leqq 2\pi\end{cases}$$

を得る．ここで，$H(\omega)$ は周期 2π の周期関数であり，したがって，$H(\omega/2)$ は R 上の周期 4π の周期関数に拡張することができる．マザーウエーブレットは

$$\hat{\psi}(\omega)=-e^{-i\frac{\omega}{2}}\cdot\overline{H}\left(\frac{\omega}{2}+\pi\right)\cdot\hat{\varphi}\left(\frac{\omega}{2}\right)=-e^{-i\frac{\omega}{2}}\left[\frac{1}{2\pi}\int_{|\omega/2|-\pi}^{|\omega|-\pi} dP\right]^{1/2}$$

の逆フーリエ変換として定義される．

b.　一般のB-スプライン（非直交ウエーブレット）

定義 1.2　$n=0, 1, 2, \cdots$ に対して $N_n(x)$ を

（1）　$N_0(x)=\chi_{[0,1]}$

（2）　$N_{n+1}(x)=N_n(x)*N_0(x)$　（“$*$”はたたみ込み（合成積，コンボリュー

ション）を表す）

$N_n(x)$ は次数 n の B-スプライン関数（B-spline function）と呼ばれる．

このとき次の定理を得る（Wojtaszczyk（1997）を参照）．

定理 1.5 $n=0, 1, 2, \cdots$ に対して B-スプライン関数 $N_n(x)$ は次の性質を持つ．

（a） すべての $x\in(0, n+1)$ に対して $N_n(x)>0$

（b） $\mathrm{supp}(N_n)=[0, n+1]$

（c） $\sum_k N_n(x-k)=1$

明らかに次数 n の B-スプライン関数はハールスケーリング関数のそれ自身の n 回のたたみ込みによって得られる．そのフーリエ変換は

$$\hat{N}_n(\omega)=\left(\frac{1}{\sqrt{2\pi}}\frac{1-e^{-i\omega}}{i\omega}\right)^{n+1}$$

である．より詳しく

$$N_0(x)=\begin{cases}1, & 0\leqq x\leqq 1\\ 0, & \text{その他}\end{cases}$$

$$N_1(x)=N_0(x)*N_0(x)=\int_0^1 N_0(u)N_0(x-u)du$$

$$=\int_0^1 N_0(x-u)du=\begin{cases}x, & 0\leqq x<1\\ 2-x, & 1\leqq x<2\\ 0, & \text{その他}\end{cases}$$

$$N_2(x)=N_1(x)*N_0(x)=\int_0^1 N_0(u)N_1(x-u)du$$

$$=\begin{cases}\frac{1}{2}x^2, & 0\leqq x<1\\ \frac{3}{4}-\left(x-\frac{3}{2}\right)^2, & 1\leqq x<2\\ \frac{1}{2}(x-3)^2, & 2\leqq x<3\\ 0, & \text{その他}\end{cases}$$

等々である．

これらのフーリエ変換は

$$\hat{N}_0(\omega)=\frac{1}{\sqrt{2\pi}}\left(\frac{1-e^{-i\omega}}{i\omega}\right)=\frac{1}{\sqrt{2\pi}}e^{-i\frac{\omega}{2}}\left(\frac{\sin(\omega/2)}{\omega/2}\right)$$

$$\hat{N}_1(\omega)=(\hat{N}_0(\omega))^2=\frac{1}{2\pi}e^{-i\omega}\left(\frac{\sin(\omega/2)}{\omega/2}\right)^2$$

$$\hat{N}_2(\omega)=(\hat{N}_0(\omega))^3=\frac{1}{(2\pi)^{3/2}}e^{-\frac{3}{2}i\omega}\left(\frac{\sin(\omega/2)}{\omega/2}\right)^3$$

となる．$\hat{N}_2(\omega)$ を

$$\hat{\varphi}_B(\omega)=\frac{1}{\sqrt{2\pi}}e^{-i\frac{\omega}{2}}\left(\frac{\sin(\omega/2)}{\omega/2}\right)^3=2\pi e^{i\omega}\hat{N}_2(\omega)$$

と比べることにより，区分的2次のB-スプラインスケーリング関数は

$$\varphi_B(x)=(\hat{\varphi}_B(\omega))^\vee=N_2(x+1)=\begin{cases}\frac{1}{2}(x+1)^2 & -1\leqq x<0\\ \frac{3}{4}-\left(x-\frac{1}{2}\right)^2, & 0\leqq x<1\\ \frac{1}{2}(x-2)^2, & 1\leqq x<2\\ 0, & \text{その他}\end{cases}$$

であることがわかる．

1.4.3　他の有益なウエーブレットの例(2)

本項では，特に実用面から大変役に立つウエーブレットの例をいくつか挙げる．それらは解析的表現を持っているがMRAから導かれないものである．したがってそれらの伸張および平行移動からなる系が $L^2(\boldsymbol{R})$ の直交基底となることは保証されていない．すなわち $f\in L^2(\boldsymbol{R})$, $\psi_{m,n}$, $m, n\in\boldsymbol{Z}$ に対して

$$A\|f\|^2\leqq\sum_m\sum_n|\langle f, \psi_{m,n}\rangle|^2\leqq B\|f\|^2 \tag{1.146}$$

が成り立つが一般には $A=B=1$ は導かれない((1.1)，(1.2)を参照)．

a.　マルレ (Marlet) ウエーブレット

$$\psi(x)=\pi^{-1/4}(e^{i\varepsilon_0 x}-e^{-\varepsilon_0^2/2})e^{-x^2/2}$$

をマルレのウエーブレットと呼ぶ．そのフーリエ変換は

$$\hat{\psi}(\omega)=\pi^{-1/4}(e^{-(\omega-\varepsilon_0)^2/2}-e^{-\omega^2/2}\cdot e^{-\varepsilon_0^2/2}) \tag{1.147}$$

である．$\hat{\psi}(0)=0$ であり，

$$\int_R (1+|x|)^\alpha |\psi(x)| dx < \infty, \quad \alpha > 0 \tag{1.148}$$

であるから

$$|\hat{\psi}(\omega)| \leqq C|\omega|^\beta, \quad \beta = \min(\alpha, 1) \tag{1.149}$$

が成立する．これより許容条件

$$C_\psi = 2\pi \int_R \frac{|\hat{\psi}(\omega)|^2}{|\omega|} d\omega < \infty$$

が満たされていることがわかる．

(1.147) において，実用上 ε_0 はしばしば $\varepsilon_0 = \pi[2/\ln 2]^{1/2}$ あるいは $\varepsilon_0 = 5$ ととられる．そのような場合 $\psi(x)$ の第 2 項は

$$e^{-\varepsilon_0^2/2} = 6.5503 \times 10^{-7}$$

となり，したがって近似的に

$$\psi(x) = \pi^{-1/4} \cdot e^{i\varepsilon_0 x} \cdot e^{-x^2/2}$$
$$\hat{\psi}(\omega) = \pi^{-1/4} \cdot e^{-(\omega-\varepsilon_0)^2/2} \tag{1.150}$$

とおける．さらにこのとき $\hat{\psi}(0) = \pi^{-1/4} \cdot e^{-\varepsilon_0^2/2} \approx 0$ である．$|\psi(x)|$ および $\hat{\psi}(x)$ の形状はよく知られたガウス関数のそれと同じである．

b. メキシカンハット (Mexican hat)

$$\psi(x) = (1-x^2) e^{-x^2/2}$$
$$\hat{\psi}(\omega) = \omega^2 \cdot e^{-\omega^2/2} \tag{1.151}$$

とする．$\psi(x)$ の概形は図 1-3 で与えられている．もし $\|\psi\| = 1$ を課せば

$$\psi(x) = \frac{2}{\sqrt{3}} \pi^{-1/4} (1-x^2) \cdot e^{-x^2/2} \tag{1.152}$$

と定める．グラフの概形からわかるように，$\psi(x)$ はメキシコ帽の断面図に非常によく似ている．明らかに $\psi(t) \in L^1(\boldsymbol{R}) \cap L^2(\boldsymbol{R})$ であり，$\int_R \psi(t) dt = 0$ である．

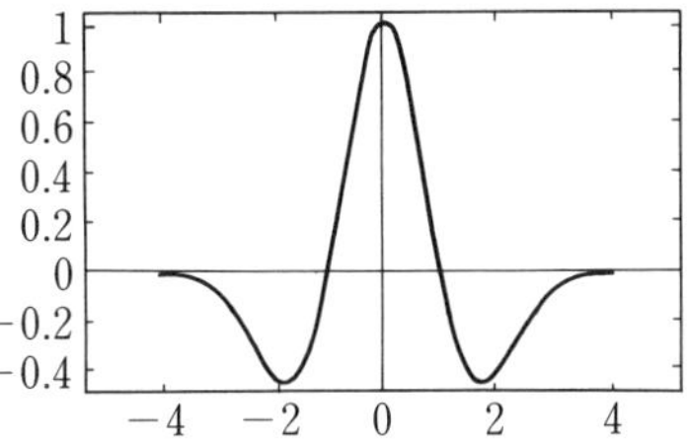

図 1-3 メキシカンウエーブレット関数

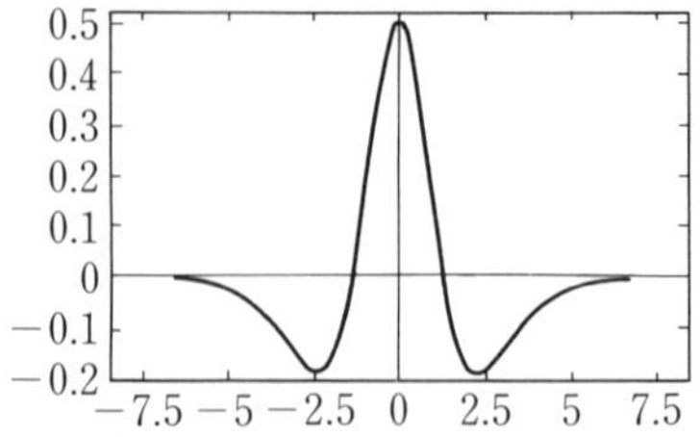

図 1-4　マーのマザーウエーブレット

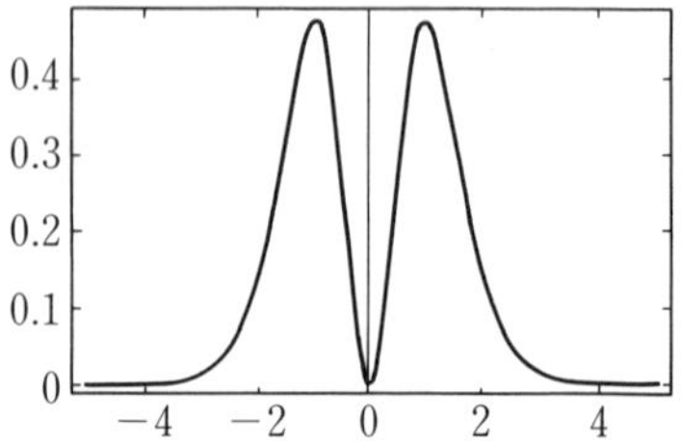

図 1-5　マーのウエーブレット $\hat{\psi}(\omega)$

メキシカンハット関数は時間領域および周波数領域において，ともに望ましい局所性を持っている．

c.　マー（Maar）ウエーブレット

$$\psi(x)=e^{-x^2/2}-\frac{1}{2}e^{-x^2/8}$$

$$\hat{\psi}(\omega)=e^{-\omega^2/2}-e^{-2\omega^2} \tag{1.153}$$

と定める．マーのウエーブレットも時間領域および周波数領域において好ましい局所性を持っている．図 1-4 および図 1-5 はそれぞれ $\psi(x)$ および $\hat{\psi}(x)$ の概形である．

1.5　分解と再構成に関するマラー(Mallat)のアルゴリズム

空間 $V_1=V_0\oplus W_0$ に対して $f_1\in V_1$ とする．このとき

$$f_1=\sum_n a_n^1\varphi_{1,n}(x)$$

$$=\sum_n a_n^0\varphi_{0,n}(x)+\sum_n b_n^0\psi_{0,n}(x) \tag{1.154}$$

と表される．さらに以下の関係式が成立する．

$$\varphi_{0,n}(x)=\varphi(x-n)=\sqrt{2}\sum_k h_k\varphi(2x-2n-k) \tag{1.155}$$

$$\psi_{0,n}(x)=\psi(x-n)=\sqrt{2}\sum_k g_k\varphi(2x-2n-k) \tag{1.156}$$

$$\langle\varphi_{1,k},\ \varphi_{0,m}\rangle=\sum_l \bar{h}_l\langle\varphi_{1,k},\ \varphi_{1,2m+l}\rangle=\bar{h}_{k-2m}$$

$$\langle\varphi_{1,k},\ \psi_{0,m}\rangle=\sum_{k'}\bar{g}_{k'}\langle\varphi_{1,k},\ \varphi(2x-2m-k')\rangle$$

$$=\sum_k\bar{g}_{k'}\langle\varphi_{1,k},\ \varphi_{1,2m+k'}\rangle=\bar{g}_{k-2m}$$

$$a_m^0=\langle f_1,\ \varphi_{0,m}\rangle=\sum_n a_n^1\langle\varphi_{1,n},\ \varphi_{0,m}\rangle=\sum_n a_n^1\bar{h}_{n-2m}$$

$$b_m^0=\langle f_1,\ \psi_{0,m}\rangle=\sum_n a_n^1\langle\varphi_{1,n},\ \psi_{0,m}\rangle=\sum_n a_n^1\bar{g}_{n-2m}.$$

一般に $f_j\in V_j$ に対し，

$$a_m^j=\sum_k a_k^{j+1}\bar{h}_{k-2m} \tag{1.157}$$

$$b_m^j=\sum_k a_k^{j+1}\bar{g}_{k-2m} \tag{1.158}$$

が成り立つ．

ダイアグラムで示すと

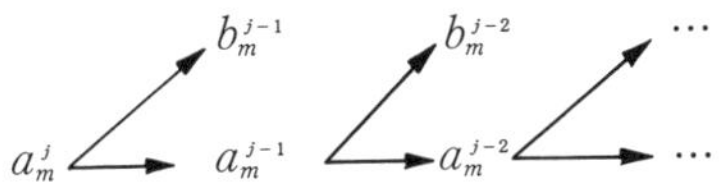

(1.159)

したがって $f(t)$ の係数を求める際に，関心のあるもっとも細かいスケールでの係数のみを計算しておけばよい．

他方(1.155)，(1.156)を(1.154)に代入することにより

$$f_1(x)=\sum_k a_k^0\sum_j h_{j-2k}\varphi(2x-j)\sqrt{2}+\sum_k b_k^0\sum_j(-1)^j\bar{h}_{1-j+2k}\varphi(2x-j)\sqrt{2} \tag{1.160}$$

$$=\sum_n a_n^1\varphi(2x-n)\sqrt{2}\quad ((1.18),\ (1.21)\text{より}) \tag{1.161}$$

を得る．

(1.160)と(1.161)の対応する係数を等しいとおいて

$$a_n^1=\sum_k a_k^0 h_{n-2k}+\sum_k(-1)^n b_k^0\bar{h}_{1-n+2k} \tag{1.162}$$

であることがわかる．

同様にして一般に

$$a_n^{j+1}=\sum_k a_k^j h_{n-2k}+(-1)^n\sum_k b_k^j \bar{h}_{1-n+2k} \tag{1.163}$$

を得る.

これをダイアグラムで示すと次のように表される.

$$\begin{array}{ccccccccc}\cdots\ b_n^0 & & b_n^1 & & b_n^2 & & & b_n^{j-1} & \\ & \searrow & & \searrow & & \searrow & & & \searrow \\ \cdots\ a_n^0 & \longrightarrow & a_n^1 & \longrightarrow & a_n^2 & \longrightarrow & \cdots \quad a_n^{j-1} & \longrightarrow & a_n^j\end{array} \tag{1.164}$$

(1.159)と(1.164)はマラーアルゴリズム（Mallat algorithm）と呼ばれる.

ウエーブレット解析においてはしばしばウエーブレット係数を計算する必要がある. ウエーブレット係数 $\alpha_{j,k}$, $\beta_{j,k}$ は通常, 次の積分の形で与えられる.

$$\alpha_{j,k}=\int_R f(x)\varphi_{j,k}(x)dx\ ;\quad \beta_{j,k}=\int_R f(x)\psi_{j,k}(x)dx \tag{1.165}$$

しかしながら実際の応用の場面では, 一般に $f(x)$ の解析的表現は得られてなく, 離散的な観測値の系列

$$f_i=f(x_i),\quad i=1,2,\cdots,N \tag{1.166}$$

のみが与えられている. また ψ, φ についても一般には解析的に閉じた形で表されていない場合がある. したがって, 積分(1.165)は直接には計算することができない. これに関してはDelyon and Juditsky (1995) において以下のような有益な近似法が示唆されている. $N=2^j$ とし, (φ,ψ) は適当な条件を満たしているとする. このとき

$$f\left(\frac{i}{N}\right)=f_i,\quad i=1,2,\cdots,N$$

に対して, ウエーブレット係数は近似的に

$$\bar{\alpha}_{j,k}=\frac{1}{N}\sum_{i=1}^N f\left(\frac{i}{N}\right)\varphi_{j,k}\left(\frac{i}{N}\right)$$

$$\bar{\beta}_{j,k}=\frac{1}{N}\sum_{i=1}^N f\left(\frac{i}{N}\right)\psi_{j,k}\left(\frac{i}{N}\right) \tag{1.167}$$

として求められる.

第2章 定常増分を持つ確率過程のウエーブレット変換

2.1 定常増分過程に関するいくつかの概念

確率過程のウエーブレット変換を導入する前に，通常とは異なる意味での“確率過程の積分”の定義について説明する必要がある．

2.1.1 L^2 の意味での確率過程の積分

定義 2.1 $x(t)$ を，すべての $t \in \boldsymbol{R}$ に対して，$E\{|x(t)|^2\} = \int_\Omega |x(t,\omega)|^2 dP < \infty$ を満たす確率過程とする（このような確率過程を一般に2次確率過程（second ordered stochastic process）と呼ぶ）．

a, b を $-\infty < a < b < \infty$ なる実数とする．$f(t)$ を $[a, b]$ 上の実数値有界関数とする．$a = t_0 < t_1 < \cdots < t_n = b$ なる任意の実数の組 $\{t_i, i = 0, 1, \cdots, n\}$ に対し，$\Delta t_i = t_i - t_{i-1}$ とおき，t_i^* を $t_{i-1} < t_i^* < t_i$ を満たす任意の実数とする．このときもし，$\max_{1 \leqq i \leqq n}(\Delta t_i) \to 0$ としたとき $\sum_{i=1}^{n} f(t_i^*)x(t_i^*)\Delta t_i$ が L^2-収束の意味で，ある確率変数 ξ に収束するとき

$$\xi \triangleq \int_a^b f(t)x(t)dt$$

と定める．すなわち，$m(\Delta) = \max_{1 \leqq i \leqq n}(\Delta t_i)$ とおくとき

$$\int_a^b f(t)x(t)dt = \underset{m(\Delta)\to 0}{\text{l.i.m.}}\left(\sum_{i=1}^{n} f(t_i^*)x(t_i^*)\Delta t_i\right)$$

である（‘l.i.m.’ は ‘limit in mean’（平均2乗収束）を意味する）．

定義 2.2 $f(t)$ は任意の有界区間上において有界な実数値関数で，すべての実数 $a < b$ に対して $\int_a^b f(t)x(t)dt$ が存在するものとする．正の実数 T, T' に対して

$$\xi(T, T') = \int_{-T'}^{T} f(t)x(t)dt$$

とおく．もし $T, T'\to\infty$ のとき，$\xi(T, T')$ が L^2-収束の意味で，ある確率変数 ξ に収束するとき

$$\xi=\int_{\boldsymbol{R}} f(t)x(t)dt$$

と定める．すなわち

$$\underset{T,T'\to\infty}{\text{l.i.m.}}\int_{-T'}^{T} f(t)x(t)dt=\int_{\boldsymbol{R}} f(t)x(t)dt$$

である．

定理 2.1　$-\infty<a<b<\infty$ とする．このとき

$$\int_a^b f(t)x(t)dt$$

が存在するための必要十分条件は

$$(R)\qquad \int_a^b\int_a^b f(t)\overline{f(s)}R(t,s)dtds<\infty \tag{2.1}$$

である．ここで，$R(t,s)=E\{x(t)\overline{x(s)}\}$,　$t,s\in\boldsymbol{R}$ で，(R) はその積分がリーマン積分の意味でとられることを意味する（$R(t,s)$ は $\{x(t)\}$ の共分散関数 (covariance function) と呼ばれる)．

定理2.1を証明するために次の補題が必要である．

補題 2.1　η_t を2次確率過程とする．このとき

$$\underset{h\to 0}{\text{l.i.m.}}\ \eta_h=\xi$$

が存在するための必要十分条件は

$$\lim_{\substack{h\to 0\\ h'\to 0}} E\{\eta_h\overline{\eta}_{h'}\}<\infty$$

である．

証明　不等式

$$|E\{\eta_h\overline{\eta}_{h'}\}|=|\langle\eta_h,\ \eta_{h'}\rangle|\leqq\|\eta_h\|\cdot\|\eta_{h'}\|$$

より必要性は明らかである．十分性を示すため，

$$A=\lim_{\substack{h\to 0\\ h'\to 0}} E\{\eta_h\overline{\eta}_{h'}\}<\infty$$

とおく．このとき等式

$$\|\eta_h-\eta_{h'}\|^2=\|\eta_h\|^2+\|\eta_{h'}\|^2-\langle\eta_h,\eta_{h'}\rangle-\langle\eta_{h'},\eta_h\rangle$$

を用いると，$\lim_{\substack{h\to 0\\ h'\to 0}}\|\eta_h-\eta_{h'}\|^2=A+A-A-A=0$ が導かれる． □

定理 2.1 の証明　補題 2.1 により $m(\Delta t)\to 0$, $m(\Delta s)\to 0$ のとき

$$E\left(\sum_{i=1}^{n_1} f(t_i^*)x(t_i^*)\Delta t_i\right)\overline{\left(\sum_{j=1}^{n_2} f(s_j^*)x(s_j^*)\Delta s_j\right)}=G(\Delta t,\Delta s)$$

の極限値が存在することをいえばよい．しかしながら

$$G(\Delta t,\Delta s)=\sum_{i=1}^{n_1}\sum_{j=1}^{n_2} f(t_i^*)\overline{f(s_j^*)}R(t_i^*,s_j^*)(\Delta t_i)(\Delta s_j)$$

は積分 (2.1) のダルブー和である．積分 (2.1) は定義から $m(\Delta t)\to 0$, $m(\Delta s)\to 0$ のときの $G(\Delta t,\Delta s)$ の極限値であることから定理が成り立つことがわかる． □

次の結果も容易にわかる．

系 1　2 次確率過程 $\{x(t)\}$, $\{y(t)\}$ に対して，$\int_a^b f(t)x(t)dt$ および $\int_c^d g(s)y(s)ds$ が存在するとする．このとき

$$\left\langle\int_a^b f(t)x(t)dt,\int_c^d g(s)y(s)ds\right\rangle=\int_a^b\int_c^d f(t)\overline{g(s)}R_{x,y}(t,s)dtds$$

が成り立つ．ただし $-\infty<a<b<\infty$, $-\infty<c<d<\infty$ で，$R_{x,y}(t,s)=E(x(t)\overline{y(s)})$ である．

系 2　$a=-\infty$，$b=\infty$ の場合においても，定理 2.1 はそのまま成立する．

2.1.2　可測確率過程の見本関数の積分

$x(t,\omega)$, $t\in T\subset \boldsymbol{R}$ は両可測，すなわち (t,ω) の 2 変数関数として可測で $\mu(T)<\infty$ とし，$x(t)$ の共分散関数 $R(t,s)$ は $\mu-$a.a. $t\in T$ に対して (t,t) 上で連続とする（μ は $\boldsymbol{R}$ 上の測度）．このとき，もし

$$\int_T R(t,t)d\mu<\infty \tag{2.2}$$

であれば，$\int_T x(t,\omega)d\mu$ は確率 1 で定義され，有限値をとる．実際，

$$\int_T\int_\Omega |x(t,\omega)|dPd\mu\leqq\sqrt{\int_T\int_\Omega |x(t,\omega)|^2dPd\mu}\sqrt{\int_T\int_\Omega dPd\mu}$$

$$=\sqrt{\mu(T)}\sqrt{\int_T R(t,t)d\mu}<\infty$$

であるから，したがって，フビニの定理によって確率1で $\int_T x(t,\omega)d\mu$ が存在し

$$\int_T\int_\Omega x(t,\omega)dPd\mu=\int_\Omega\int_T x(t,\omega)d\mu dP$$

が成立する．

もし $f(t)\in L^2(\boldsymbol{R})$ に対して

$$E(f(t)x(t)\cdot\overline{f(s)x(s)})=f(t)\cdot\overline{f(s)}R(t,s)$$

が条件(2.2)を満たせば

$$\int_T f(t)x(t,\omega)d\mu \tag{2.3}$$

は確率1で存在し，有限値をとる．

命題 2.1　$f(t)$ は T 上の有界関数で，$\mu(T)<\infty$ とし，さらに $R(t,s)$ が(2.2)を満たすならば確率1で(2.3)が定義され，有限値をとる．

命題 2.2　$f(t)$ が $T=[a,b]$ 上で連続で，$R(t,t)$ が T 上で連続ならば確率1で(2.3)が存在し，有限値をとる．ただし $\mu(T)<\infty$ とする．

2.1.3　定常増分過程の共分散関数のスペクトル表現

以下において，定常増分過程のスペクトル理論の基礎的な事柄について述べよう．後で述べられる非整数ブラウン運動（fractional Brownian motion (FBM)）や他の確率過程のウエーブレット変換に関する多くの結果が，これらの事実に基づいて導かれる．

定義 2.3　$\boldsymbol{R}$ 上で定義された（t に関して）L^2 の意味で連続な2次の確率過程 $\xi(t)$ が次の条件を満たすとき，$\xi(t)$ を（広義の）定常増分過程（stationary increment process）と呼ぶ．

任意の実数 s,τ,t,τ_1,τ_2 に対して，増分過程

$$\xi(t;\tau)\triangleq\xi(t)-\xi(t-\tau)$$

は条件

$$E\{\xi(t;\tau)\}=c(\tau)$$

$$E\{\xi(t+s;\tau_1)\overline{\xi(s;\tau_2)}\}\triangleq R(t;\tau_1,\tau_2)\qquad (s\text{ に無関係}) \tag{2.4}$$

を満たす．

ここで，次の定理を示そう．

定理 2.2 $\xi(t)$ を定常増分過程とする．このとき

$$c(\tau)=c\cdot\tau \tag{2.5}$$

$$R(t\,;\tau_1,\tau_2)=\int_{\boldsymbol{R}}e^{it\lambda}(1-e^{-i\tau_1\lambda})(1-e^{i\tau_2\lambda})\frac{1+\lambda^2}{\lambda^2}dF(\lambda) \tag{2.6}$$

が成立する．ここで，c は定数，$F(\lambda)$ はスペクトル関数（すなわち $\boldsymbol{R}$ 上の実数値，非減少，左（または右）連続関数）で

$$F(0)=0,\ \int_{\boldsymbol{R}}dF(\lambda)<\infty$$

を満たす．このような $F(\lambda)$ は $\xi(t,\tau)$ によって一意的に定まる．

逆に(2.5)の形をした任意の関数 $c(\tau)$ は，ある定常増分過程の平均関数となる．ここで c は定数である．さらに，スペクトル関数 $F(\lambda)$ によって $R(t\,;\tau_1,\tau_2)$ が(2.6)の形で与えられているとき，$R(t\,;\tau_1,\tau_2)$ はある定常増分過程の共分散関数となる．

証明 $\xi(t)$ を定常増分過程とする．このとき

$$\begin{aligned}c(k\tau)&=E\{\xi(t\,;k\tau)\}\\&=E\{\xi(t)\}-E\{\xi(t-k\tau)\}\\&=E\{\xi(t)-\xi(t-\tau)\}+E\{\xi(t-\tau)-\xi(t-2\tau)\}+\cdots\\&\quad+E\{\xi(t-(k-1)\tau)-\xi(t-k\tau)\}\\&=E\left\{\sum_{l=0}^{k-1}\xi(t-l\tau\,;\tau)\right\}\\&=c(\tau)+c(\tau)+\cdots+c(\tau)=kc(\tau)\end{aligned} \tag{2.7}$$

すなわち

$$c(k\tau)=kc(\tau) \tag{2.8}$$

$$c(k)=kc(1) \tag{2.9}$$

を得る．次に $\tau=p/q$ を正の有理数としたとき

$$c(p)=qc\left(\frac{p}{q}\right)\quad((2.8)\text{より})$$

$$c\left(\frac{p}{q}\right)=\frac{1}{q}c(p)=\frac{1}{q}(p\cdot c(1))=\frac{p}{q}c(1)\quad((2.9)\text{より})$$

が成り立つ．$\xi(t\,;-\tau)=(-1)\xi(t\,;\tau)$ だから

$$c(-\tau)=(-1)c(\tau)$$

となる．したがって，負の有理数 $-p/q$ に対しても(2.5)が成り立つ．$\xi(t)$ の連続性から $c(\tau)$ の連続性がしたがう．実際

$$\begin{aligned}|c(\tau+\varepsilon)-c(\tau)|&=|E\{\xi(t\,;\tau+\varepsilon)-\xi(t\,;\tau)\}|\\&\leqq\|\xi(t\,;\tau+\varepsilon)-\xi(t\,;\tau)\|\to 0,\ \varepsilon\to 0\quad のとき．\end{aligned}$$

これよりすべての実数 $\tau\in\boldsymbol{R}$ について(2.5)が $c=c(1)$ で成立することがわかる．

次に(2.6)を示そう．任意の実数 $\tau, t_1, t_2, \cdots, t_N$ および複素数 $\alpha_1, \alpha_2, \cdots, \alpha_N$ に対して

$$\begin{aligned}&\sum_{i=1}^{N}\sum_{j=1}^{N}R(t_i-t_j\,;\tau,\tau)\alpha_i\bar{\alpha}_j\\&=\sum_{i=1}^{N}\sum_{j=1}^{N}E\{\xi((t_i-t_j)+t_j\,;\tau)\overline{\xi(t_j\,;\tau)}\}\alpha_i\bar{\alpha}_j\\&=\sum_{i=1}^{N}\sum_{j=1}^{N}E\{\xi(t_i\,;\tau)\overline{\xi(t_j\,;\tau)}\}\alpha_i\bar{\alpha}_j\\&=E\left\{\left|\sum_{i=1}^{N}\alpha_i\xi(t_i,\tau)\right|^2\right\}\geqq 0\end{aligned}$$

となる．これより $R(t\,;\tau,\tau)$ は t の非負定値関数であることがわかる．よってキンチン-ボホナー（Khinchin-Bochner）の定理（6.4 節を参照）により

$$R(t\,;\tau,\tau)=\int_{\boldsymbol{R}}e^{it\lambda}dF_\tau(\lambda) \tag{2.10}$$

と表すことができる．ここに，$F_\tau(\lambda)$ は λ の実数値，非減少，有界関数である．実数 $\tau>0$ および正の整数 $k>0$ に対し，(2.7)，(2.10)より次式が成立する．

$$\begin{aligned}R(t\,;k\tau,k\tau)&=E\{\xi(t+s\,;k\tau)\overline{\xi(s\,;k\tau)}\}\\&=E\left\{\sum_{l=0}^{k-1}\xi(t+s-l\tau\,;\tau)\cdot\overline{\sum_{j=0}^{k-1}\xi(s-j\tau\,;\tau)}\right\}\\&=\sum_{l=0}^{k-1}\sum_{j=0}^{k-1}E\{\xi(t+s-l\tau\,;\tau)\cdot\overline{\xi(s-j\tau\,;\tau)}\}\\&=\sum_{l=0}^{k-1}\sum_{j=0}^{k-1}R(t-l\tau+j\tau\,;\tau,\tau)\\&=\sum_{l=0}^{k-1}\sum_{j=0}^{k-1}\int_{\boldsymbol{R}}e^{i(t-l\tau+j\tau)}dF_\tau(\lambda)\\&=\int_{\boldsymbol{R}}e^{it\lambda}\left(\sum_{l=0}^{k-1}e^{-il\tau\lambda}\right)\left(\overline{\sum_{j=0}^{k-1}e^{-ij\tau\lambda}}\right)dF_\tau(\lambda)\\&=\int_{\boldsymbol{R}}e^{it\lambda}\frac{1-e^{-ik\tau\lambda}}{1-e^{-i\tau\lambda}}\cdot\frac{1-e^{ik\tau\lambda}}{1-e^{i\tau\lambda}}dF_\tau(\lambda).\end{aligned} \tag{2.11}$$

(2.10)，(2.11)より，すべての $t\in\boldsymbol{R}$ に対して $R(t\,;k\tau,k\tau)$ が次のように表されることがわかった．

$$\int_{\boldsymbol{R}} e^{it\lambda}dF_{k\tau}(\lambda)=\int_{\boldsymbol{R}} e^{it\lambda}\frac{1-e^{-ik\tau\lambda}}{1-e^{-i\tau\lambda}}\cdot\frac{1-e^{ik\tau\lambda}}{1-e^{i\tau\lambda}}dF_{\tau}(\lambda). \tag{2.12}$$

いま

$$F_{k\tau}(\lambda)=\int_0^{\lambda}\frac{1-\cos k\tau u}{1-\cos \tau u}dF_{\tau}(u)+\text{const.}$$

とおくとき

$$\begin{aligned}&\int_0^{\lambda}\frac{u^2}{1-\cos k\tau u}\cdot\frac{1}{1+u^2}dF_{k\tau}(u)\\&=\int_0^{\lambda}\frac{1}{1-\cos \tau u}\cdot\frac{u^2}{1+u^2}dF_{\tau}(u)\end{aligned} \tag{2.13}$$

となる．(2.13)の $|u|<2\pi/\tau$ の範囲における両辺の積分は有限（proper）であることがわかる．

いま $\tau=h_n=2^{-n}$,　$n=0,1,2,\cdots$とおき，関数

$$\frac{1}{2}\int_0^{\lambda}\frac{1}{1-\cos \tau u}\cdot\frac{u^2}{1+u^2}dF_{h_n}(u)\triangleq F(\lambda)$$

を考える．明らかに $F(0)=0$ であり，$F(\lambda)$ は実数値，非減少関数で n に無関係である．実際(2.13)によって

$$\int_0^{\lambda}\frac{1}{1-\cos h_n u}\cdot\frac{u^2}{1+u^2}dF_{h_n}(u)=\int_0^{\lambda}\frac{u^2}{1-\cos k\cdot h_n u}\cdot\frac{1}{1+u^2}dF_{k\cdot h_n}(\lambda) \tag{2.14}$$

が成り立ち，したがって k に無関係となる．特に $k=2^n$ のとき

$$(2.14)=\int_0^{\lambda}\frac{1}{1-\cos u}\cdot\frac{u^2}{1+u^2}dF_1(\lambda)\triangleq 2F(\lambda),\ \forall\, n\geqq 0$$

である．ここで，$\tau=2^{-n}$ はいくらでも小さくとることができるから，$F(\lambda)$ はすべての $\lambda\in\boldsymbol{R}$ に対して定義することができる．

次に $F(\boldsymbol{R})<\infty$ を示そう．(2.10)および $R(0\,;\tau,\tau)$ の連続性から

$$\begin{aligned}R(0\,;\tau,\tau)&=2\int_{\boldsymbol{R}}(1-\cos\tau\lambda)\frac{1+\lambda^2}{\lambda^2}d\left(\frac{1}{2}\int_0^{\lambda}\frac{1}{1-\cos \tau u}\cdot\frac{u^2}{1+u^2}dF_{\tau}(u)\right)\\&=2\int_{\boldsymbol{R}}(1-\cos\tau\lambda)\frac{1+\lambda^2}{\lambda^2}dF(\lambda)\end{aligned}$$

となる．したがって

$$\int_0^1 R(0\,;\tau,\tau)d\tau=\int_{\boldsymbol{R}}\Phi(\lambda)dF(\lambda)$$

と表される．ここに

$$\Phi(\lambda)=2\frac{1+\lambda^2}{\lambda^2}\int_0^1(1-\cos\tau\lambda)d\tau=2\frac{1+\lambda^2}{\lambda^2}\left(1-\frac{\sin\lambda}{\lambda}\right)$$

である．$\Phi(\lambda)$ の概形は図 2-1 で示されている．

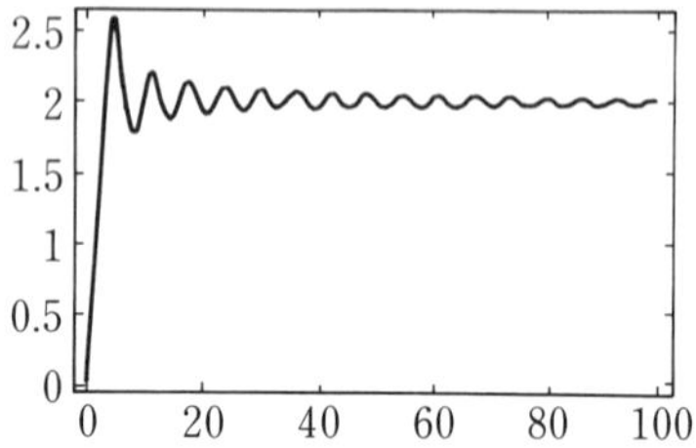

図 2-1　$\Phi(\lambda)$ のグラフ

容易にわかるが，定数 M, b が存在して

$$0<b\leqq\Phi(\lambda)<M,\quad \Phi(\lambda)\to 2,\quad |\lambda|\to\infty$$

である．したがって

$$\int_R dF(\lambda)\leqq\frac{1}{b}\int_R\Phi(\lambda)dF(\lambda)=\frac{1}{b}\int_0^1 R(0\,;\tau,\tau)d\tau<\infty$$

となる．τ_1, τ_2 を 2 つのダイアディック有理数，すなわち

$$\tau_1=k_1\cdot 2^{-k}=k_1h\,;\quad \tau_2=k_2\cdot 2^{-k}=k_2h$$

とする．このとき，(2.12) を導いたときと同様にして次の関係式を得る．

$$\begin{aligned} R(t\,;\tau_1,\tau_2)&=E\{\xi(t+s\,;k_1h)\overline{\xi(s\,;k_2h)}\}\\ &=\int_R e^{it\lambda}\frac{1-e^{-ik_1h\lambda}}{1-e^{-ih\lambda}}\cdot\frac{1-e^{ik_2h\lambda}}{1-e^{ih\lambda}}dF_h(\lambda)\\ &=\int_R e^{it\lambda}(1-e^{-i\tau_1\lambda})(1-e^{i\tau_2\lambda})\frac{1+\lambda^2}{\lambda^2}dF(\lambda) \qquad (2.15)\end{aligned}$$

$R(t\,;\tau_1,\tau_2)$ は τ_1, τ_2 の連続関数だから，(2.15) は任意の実数 τ_1, τ_2 に対しても成立する．以上により定理の前半が示された．後半の証明は省く（興味のある読者は，Yaglom (1958) を見られたい）．　□

2.1.4　次数 n の定常増分過程のスペクトル表現

$\xi^{(n)}(t\,;\tau)=\Delta_\tau^{(n)}\xi(t)=\sum_{l=0}^{n}(-1)^l\cdot{}_nC_l\cdot\xi(t-l\tau)$ とおく．$n=1$ の場合と同様にして

$$\xi^{(n)}(t\,;k\tau)=\sum_{l=0}^{(k-1)n}A_l\cdot\xi^{(n)}(t-l\tau\,;\tau)$$

を得る．ここで，$A_0=1, A_1={}_nC_1, \cdots$ は次式から定まる定数である．

$$A_0+A_1x+\cdots+A_{(k-1)n}x^{(k-1)n}=\frac{(1-x^k)^n}{(1-x)^n}=(1+x+\cdots+x^{k-1})^n$$

定義 2.4　$\xi(t)$ が次の条件を満たすとき，$\xi(t)$ は次数 n の（広義の）定常増分過程（stationary increment process with order n）と呼ばれる．任意の $s, \tau, t, \tau_1, \tau_2\in\boldsymbol{R}$ に対して

$$E\{\xi^{(n)}(s\,;\tau)\}=E\{\Delta_\tau^{(n)}\xi(s)\}=c^{(n)}(\tau)$$

$$E\{\Delta_{\tau_1}^{(n)}\xi(s+t)\cdot\overline{\Delta_{\tau_2}^{(n)}\xi(s)}\}=E\{\xi^{(n)}(t+s\,;\tau_1)\overline{\xi^{(n)}(s\,;\tau_2)}\}$$
$$\triangleq R^{(n)}(t\,;\tau_1,\tau_2)$$

が成り立つ．

定理 2.3　$\xi(t)$ を次数 n の定常増分過程とする．このとき，$c^{(n)}(\tau)$ および $R^{(n)}(t\,;\tau_1,\tau_2)$ は次のように表される．

（1）　$c^{(n)}(\tau)=c\cdot\tau^n$　(2.16)

（2）　$R^{(n)}(t\,;\tau_1,\tau_2)=\int_{\boldsymbol{R}}e^{it\lambda}(1-e^{-i\tau_1\lambda})(1-e^{i\tau_2\lambda})\frac{(1+\lambda^2)^n}{\lambda^{2n}}dF(\lambda)$　(2.17)

ここで，c は定数で，$F(\lambda)$ はスペクトル関数であり $F(0)=0$ を満たす．このような c と $F(\lambda)$ は $\xi^{(n)}(t\,;\tau)$ によって一意的に定まる．

逆に，(2.16)の形をした任意の関数 $c^{(n)}(\tau)$ はある定常増分過程の平均関数となる．ここに c は定数である．さらに，スペクトル関数 $F(\lambda)$ によって(2.17)の形で表される関数 $R^{(n)}(t\,;\tau_1,\tau_2)$ は，ある定常増分過程の共分散関数である．

注意：

（1）　$c=c(1)$ より c の一意性は明らかである．

（2）　$F(\lambda)$ が $R(t\,;\tau,\tau)$ から一意に定まることは次のようにしてわかる．キンチン-ボホナーの定理により $R(t\,;\tau,\tau)$ は $F_\tau(\lambda)$ による積分で表される．した

がって $F_\tau(\lambda)$ の連続点の集合上において $F_\tau(\lambda)$ は $R(t\,;\tau,\tau)$ の逆フーリエ-スチルチェス変換により一意的に定まる．$F_\tau(\lambda)$ は左（あるいは右）連続関数であるから，$F_\tau(\lambda)$ はすべての実数に対して一意的に定まることがわかる．

本項で述べた事柄の詳細については，例えば Yaglom（1958）を参照されたい．

2.2　定常増分過程のウエーブレット変換

定義 2.5　$\{x(t):t\in\boldsymbol{R}\}$ を平均 0 で L^2 の意味で連続な実数値確率過程とする．

$$R(t,s\,;\tau_1,\tau_2)=E\{[x(t+\tau_1+s)-x(t+s)][x(s+\tau_2)-x(s)]\} \tag{2.18}$$

を増分過程の相関関数とする．このとき，もし(2.18)の値が s に無関係となるとき，$x(t)$ は広義の実定常増分過程（real stationary increment process in wide-sense）と呼ばれる（定義 2.3 を参照）．

$\{x(t)\}$ が広義定常増分過程のとき，定理 2.2 によって $R(t\,;\tau_1,\tau_2)(=R(t,s\,;\tau_1,\tau_2))$ はスペクトル表現

$$R(t\,;\tau_1,\tau_2)=\int_{\boldsymbol{R}}e^{it\lambda}(1-e^{-i\tau_1\lambda})(1-e^{i\tau_2\lambda})\frac{1+\lambda^2}{\lambda^2}dF(\lambda)$$

を持つことは明らかである．ここに，dF は実軸 $\boldsymbol{R}$ のボレル集合族上で定義された有限スペクトル測度である．

(2.18)において $t=0, s=0$ とおくと

$$R(0\,;\tau_1,\tau_2)=E\{[x(\tau_1)-x(0)][x(\tau_2)-x(0)]\} \tag{2.19}$$

である．以下では簡単のため $x(0)=0$, a.s. とする．またウエーブレット関数 $\psi(t)$ について次の仮定をする．

（1）　$\psi(t)$ は連続関数で，ある整数 $N\geqq 1$ に対してその台は

$$\left[\frac{1-N}{2},\frac{1+N}{2}\right] \tag{2.20}$$

に含まれる．

（2）　$\int_{\boldsymbol{R}}|\psi(t)|dt<\infty,\ \int_{\boldsymbol{R}}\psi(t)dt=0$　　(2.21)

（3）　$\Psi(\lambda)=\int_{\boldsymbol{R}}e^{-i\lambda t}\psi(t)dt$ とおくとき $\Psi(\lambda)$ は

$|\lambda|\leqq\varepsilon$ なるすべての λ に対して $|\Psi(\lambda)/\lambda|\leqq M<\infty$　　(2.22)

を満たす．ここに，ε は適当に選ばれた正数である．

条件(2.22)はきわめて緩いものである．例えば，ハールウエーブレット

$$\psi(t)=\begin{cases}1, & 0\leqq t\leqq \frac{1}{2}\\ -1, & \frac{1}{2}<t\leqq 1\\ 0, & \text{その他}\end{cases}$$

については

$$\Psi(\lambda)=e^{-i\frac{\lambda-\pi}{2}}\cdot\left(\frac{\lambda}{4}\right)\left(\frac{\sin(\lambda/4)}{\lambda/4}\right)^2$$

であり，すべての λ に対して $\left|\frac{\Psi(\lambda)}{\lambda}\right|\leqq\frac{1}{4}$ となることがわかる．

定理 2.4　$x(t)$ を定義 2.5 で定められた定常増分過程とする．$\psi(t)$ を条件(2.20)～(2.22)を満たすウエーブレット関数とする．

$$W_a(t)=a^{-1/2}\int_{\boldsymbol{R}}x(s)\bar{\psi}\left(\frac{s-t}{a}\right)ds,\quad a>0$$

とおく（$W_a(t)$ を $x(\cdot)$ のウエーブレット変換（wavelet transform）と呼ぶ）．

このとき，$\{W_a(t):t\in\boldsymbol{R}\}$ は平均 0 の結合広義定常過程となる．その相関関数および相互相関関数は次式で与えられる．

$$\begin{aligned}R_a(\tau)&=E\{W_a(t+\tau)\cdot\overline{W_a(t)}\}\\&=a\int_{\boldsymbol{R}}e^{i\tau\lambda}\frac{|\Psi(a\lambda)|^2}{\lambda^2}(1+\lambda^2)dF(\lambda)\end{aligned}$$

$$\begin{aligned}R_{a_1,a_2}(t,s)&=E\{W_{a_1}(t)\overline{W_{a_2}(s)}\}\\&=(a_1a_2)^{1/2}\int_{\boldsymbol{R}}e^{i(t-s)\lambda}\Psi(a_2\lambda)\bar{\Psi}(a_1\lambda)\frac{1+\lambda^2}{\lambda^2}dF(\lambda).\end{aligned}$$

さらに，それらのスペクトル分布関数はそれぞれ

$$s_a(\lambda)=a\int_{-\infty}^{\lambda}\frac{|\Psi(au)|^2}{u^2}(1+u^2)dF(u)$$

$$s_{a_1,a_2}(\lambda)=(a_1a_2)^{1/2}\int_{-\infty}^{\lambda}\frac{\Psi(a_2u)\cdot\bar{\Psi}(a_1u)}{u^2}(1+u^2)dF(u)$$

である．

注意　2.1 節および 2.2 節で説明したように，‘確率積分’ $W_a(t)$ はいくつかの異

なる意味で解釈することができる．

（1）　$x(t), t \in T$ を2次の実確率過程で，両可測，$\mu(T) < \infty$ とし，その共分散関数 $R(t, s)$ は(2.2)を満たすとする．このとき命題2.1あるいは命題2.2によりウエーブレット変換 $W_a(t)$ は確率1の意味で定義される．

（2）　もし

$$\int_R\int_R \psi(u)\overline{\psi(v)}R(au+t, av+s)dudv < \infty \tag{2.23}$$

が満たされていれば，積分 $W_a(t)$ は L^2-収束の意味で定義することができる(定理2.1を参照)．

定理2.4の証明　フビニの定理より

$$E\{W_a(t)\} = a^{-1/2}E\left\{\int_R x(s)\bar{\psi}\left(\frac{s-t}{a}\right)ds\right\}$$

$$= a^{-1/2}\int_R E\{x(s)\}\cdot\bar{\psi}\left(\frac{s-t}{a}\right)ds = 0$$

を得る．$a_1, a_2 > 0$ に対して

$$R_{a_1,a_2}(t, s) = (a_1a_2)^{1/2}\int_R\int_R E\{x(a_1u+t)x(a_2v+s)\}\overline{\psi(u)}\psi(v)dudv$$

$$= (a_1a_2)^{1/2}\int_R\int_R R(0\,;a_1u+t, a_2v+s)\overline{\psi(u)}\psi(v)dudv \quad ((2.19)\text{より})$$

$$= (a_1a_2)^{1/2}\int_R\int_R\int_R (1-e^{i\tau_1\lambda})(1-e^{-\tau_2\lambda})\frac{1+\lambda^2}{\lambda^2}dF\cdot\overline{\psi(u)}\psi(v)dudv \tag{2.24}$$

$$(\tau_1 = a_1u+t, \tau_2 = a_2v+s)$$

再びフビニの定理より

$$\text{上式} = (a_1a_2)^{1/2}\int_R \frac{1+\lambda^2}{\lambda^2}\left\{\int_R \overline{\psi(u)}(1-e^{i(a_1u+t)\lambda})du\cdot\int_R \psi(v)(1-e^{-i(a_2v+s)\lambda})dv\right\}dF$$

$$= (a_1a_2)^{1/2}\int_R \frac{1+\lambda^2}{\lambda^2}[e^{it\lambda}\bar{\Psi}(a_1\lambda)][e^{-is\lambda}\Psi(a_2\lambda)]dF \quad ((2.21)\text{より})$$

$$= (a_1a_2)^{1/2}\int_R e^{i(t-s)\lambda}\bar{\Psi}(a_1\lambda)\Psi(a_2\lambda)\frac{1+\lambda^2}{\lambda^2}dF \tag{2.25}$$

となる．スペクトル分布関数はボホナー（Bochner）の定理（6.4節）から容易に導かれる．　□

系1　もし $dF = f(\lambda)d\lambda$ とすると，スペクトル密度関数は

$$S_a(\lambda)=a\frac{|\Psi(a\lambda)|^2}{\lambda^2}(1+\lambda^2)f(\lambda)$$

で与えられる．

$\psi(t)$ に関する仮定(2.22)はスペクトル分布 $S_a(\lambda)$ が発散しない（proper である）ことを保証している．実際，$\varepsilon>0$ に対して

$$\int_R\frac{|\Psi(a\lambda)|^2}{\lambda^2}(1+\lambda^2)dF=\left(\int_{|\lambda|\leqq\varepsilon/a}+\int_{|\lambda|>\varepsilon/a}\right)\frac{|\Psi(a\lambda)|^2}{\lambda^2}(1+\lambda^2)dF\triangleq I_1+I_2$$

$$I_1=\int_{|\lambda|\leqq\varepsilon/a}\frac{|\Psi(a\lambda)|^2}{\lambda^2}(1+\lambda^2)dF\leqq a^2M^2\left(1+\frac{\varepsilon^2}{a^2}\right)\int_{|\lambda|\leqq\varepsilon/a}dF$$

((2.22) より)

$$I_2=\int_{|\lambda|>\varepsilon/a}\frac{|\Psi(a\lambda)|^2}{\lambda^2}(1+\lambda^2)dF\leqq\left(1+\frac{1}{(\varepsilon/a)^2}\right)\int_R|\Psi(a\lambda)|^2dF$$

であり，さらに

$$|\Psi(a\lambda)^2|=\left(\overline{\int_R e^{-i(a\lambda)x}\psi(x)dx}\right)\left(\int_R e^{-i(a\lambda)y}\psi(y)dy\right)$$

$$\leqq\left(\int_R|\psi(x)|dx\right)\left(\int_R|\psi(y)|dy\right)\equiv A<\infty$$

$$I_2\leqq\left(1+\frac{a^2}{\varepsilon^2}\right)\cdot A\cdot\int_R dF(\lambda)<\infty$$

となる．

2.3　定常増分過程の離散ウエーブレット変換

$\psi(t)$ をマザーウエーブレットとし

$$\psi_{jk}(t)=2^{j/2}\psi(2^jt-k),\quad j,k\in\boldsymbol{Z}$$

とおく．さらに $f(t)\in L^2(\boldsymbol{R})$ に対して

$$b_{j,k}=\int_R f(t)\bar{\psi}_{j,k}(t)dt=2^{j/2}\int_R f(t)\bar{\psi}\left(\frac{t-2^{-j}k}{2^{-j}}\right)dt$$

$$a_{l,k}=\int_R f(t)\bar{\varphi}_{l,k}(t)dt=2^{l/2}\int_R f(t)\bar{\varphi}\left(\frac{t-2^{-l}k}{2^{-l}}\right)dt \tag{2.26}$$

とおく．$\{a_{l,k}\},\{b_{j,k}\}$ を $f(t)$ に対応するウエーブレット係数と呼ぶ．以下では特に $f(t)$ として 2 次確率過程 $x(t,\cdot)$ を考え，対応するウエーブレット係数を同じ記号 $\{a_{l,k}\},\{b_{j,k}\}$ で表すものとする．

定理 2.5　定理2.4の仮定のもとで次の結果を得る．

a.　各 j を固定したとき離散時間過程 $\{b_{j,k}\}_{k=-\infty}^{\infty}$ は平均0の広義定常過程で，その相関

$$r_1(k\,;j)\triangleq E\{b_{j,k+m}\cdot\bar{b}_{j,m}\}$$

はスペクトル表現

$$r_1(k\,;j)=2^{-j}\int_R e^{ik\lambda\cdot 2^{-j}}\frac{|\Psi(2^{-j}\lambda)|^2}{\lambda^2}(1+\lambda^2)dF$$

を持つ．

b.　$j_1\neq j_2$ に対し $\{b_{j_1,k}\}_{k=-\infty}^{\infty}, \{b_{j_2,k}\}_{k=-\infty}^{\infty}$ は結合非定常過程でその相互相関は

$$r_2(k_2,k_1\,;j_2,j_1)\triangleq E[b_{j_2,k_2}\cdot\bar{b}_{j_1,k_1}]$$
$$=2^{-(j_1+j_2)/2}\int_R e^{i\lambda(k_2\cdot 2^{-j_2}-k_1\cdot 2^{-j_1})}\frac{\bar{\Psi}(\lambda\cdot 2^{-j_2})\Psi(\lambda\cdot 2^{-j_1})}{\lambda^2}(1+\lambda^2)dF \qquad (2.27)$$

で与えられる．

証明　(a)は定理2.4から直ちにしたがう．実際，各 j を固定したとき

$$b_{j,k}=\int_R x(t)\bar{\varphi}_{j,k}(t)dt=\int_R x(t)\cdot 2^{j/2}\bar{\varphi}(2^jt-k)dt$$
$$=2^{j/2}\int_R x(t)\bar{\varphi}\left(\frac{t-2^{-j}k}{2^{-j}}\right)dt=W_{2^{-j}}(2^{-j}\cdot k),\quad k\in\boldsymbol{Z} \qquad (2.28)$$

であることから導かれる．

(2.27)は定理2.4において

$$a_1=2^{-j_1/2},\quad a_2=2^{-j_2/2},\quad t=k_2\cdot 2^{-j_2},\quad s=k_1\cdot 2^{-j_1}$$

とおくことにより得られる．(2.27)より，係数 $\{b_{j_2,k_2}\}$ と $\{b_{j_1,k_1}\}$ は非定常相関を持つことがわかる．　□

次に $\{a_{l,k}\}_{k=-\infty}^{\infty}$ の2次の性質について考える．ここで，$\varphi(t)$ は以下の条件を満たす実数値関数とする．

a.　$\varphi\in L^1(\boldsymbol{R})$ で，適当に選ばれた整数 $N\geqq 1$ に対してその台は $[0,N]$ に含まれる．さらに

$$\int_0^N\varphi(t)dt=1 \qquad (2.29)$$

b.　$\Phi(\lambda)=\int_R e^{it\lambda}\varphi(t)dt$ とおくとき，適当に選ばれた $\varepsilon>0$ に対し $|\lambda|\leqq\varepsilon$ なるすべての λ について

$$\left|\frac{1-\Phi(\lambda)}{\lambda}\right| \leqq M < \infty. \tag{2.30}$$

条件(2.30)はきわめて緩い条件である．例えば，基本的なスケーリング関数である $\varphi(t)=\chi_{[0,1]}(t)$ は(2.30)を満たすことが容易にわかる．

定理 2.6 固定された各 l に対して $\{a_{l,k}\}_{k=-\infty}^{\infty}$ は平均 0 の 2 次の非定常過程で，その相関は次式で与えられる．

$$r_3(k_2, k_1 ; l) \triangleq E\{a_{l,k_2}\cdot\overline{a_{l,k_1}}\}$$
$$=2^{-3l}\int_R \overline{P}_{k_2}\left(\frac{\lambda}{2^l}\right)P_{k_1}\left(\frac{\lambda}{2^l}\right)(1+\lambda^2)dF(\lambda)$$

ここで，$P_k(u)=\dfrac{1-e^{-iku}\Phi(u)}{-iu}$ である． (2.31)

証明 定理 2.5 と同様にして $E\{a_{l,k}\}=0$ を得る．フビニの定理を用いて

$$E\{a_{l,k_2}\cdot\overline{a_{l,k_1}}\}=R_{2^{-l},2^{-l}}(2^{-l}k_1, 2^{-l}k_2) \quad ((2.24)を参照)$$
$$=(2^{-l}\cdot 2^{-l})^{1/2}\cdot\int_R\frac{1+\lambda^2}{\lambda^2}\int_R\int_R(1-e^{i\lambda(2^{-l}v+2^{-l}k_2)})$$
$$\cdot(1-e^{-i\lambda(2^{-l}u+2^{-l}k_1)})\cdot\overline{\varphi}(u)\varphi(v)dudv \quad ((2.25)を参照)$$
$$=2^{-l}\cdot\int_R\frac{1+\lambda^2}{\lambda^2}\left(\int_R\varphi(v)(1-e^{i\lambda(v+k_2)/2^l})dv\right.$$
$$\left.\cdot\int_R\overline{\varphi}(u)(1-e^{-i\lambda(u+k_1)/2^l})du\right)dF$$
$$=2^{-l}\cdot\int_R\frac{1+\lambda^2}{\lambda^2}\cdot\left(1-e^{i\lambda\frac{k_2}{2^l}}\cdot\overline{\Phi}\left(\frac{\lambda}{2^l}\right)\right)$$
$$\cdot\left(1-e^{-i\lambda\frac{k_1}{2^l}}\cdot\Phi\left(\frac{\lambda}{2^l}\right)\right)dF \quad ((2.29)より)$$
$$=2^{-l}\cdot\int_R(1+\lambda^2)\frac{\left(1-e^{i\lambda\frac{k_2}{2^l}}\cdot\overline{\Phi}\left(\frac{\lambda}{2^l}\right)\right)}{i\frac{\lambda}{2^l}\cdot 2^{-l}}\cdot\frac{\left(1-e^{-i\lambda\frac{k_1}{2^l}}\cdot\Phi\left(\frac{\lambda}{2^l}\right)\right)}{-i\frac{\lambda}{2^l}\cdot 2^{-l}}dF$$
$$=2^{-3l}\int_R(1+\lambda^2)\cdot\overline{P}_{k_2}\left(\frac{\lambda}{2^l}\right)\cdot P_{k_1}\left(\frac{\lambda}{2^l}\right)dF(\lambda) \tag{2.32}$$

となる．ここに，$P_k(u)$ は(2.31)で定義されたものである． □

以下で(2.32)の積分が実際に収束していることを確かめよう．その証明の前に次の事実に注意しよう．

（1）　$|u|\leqq\varepsilon, \varepsilon>0$ なるすべての u について $\left|\dfrac{1-e^{iku}}{iu}\right|\leqq|k|$　(2.33)

（2）　$|u|>\varepsilon, \varepsilon>0$ なるすべての u について

$$\left|\frac{1-e^{-iku}\cdot\Phi(u)}{iu}\right|\leqq\frac{L}{|u|},\ L:=1+\|\varphi\|_1\quad(\|\cdot\|_1 \text{ は } L^1 \text{ ノルムを表す})$$

実際，不等式 $|\sin x|\leqq|x|$ において $x=ku/2$ とおくと

$$\left|\sin\frac{ku}{2}\right|^2\leqq\frac{1}{4}(ku)^2\Rightarrow 2\cdot\sin^2\frac{ku}{2}\leqq\frac{(ku)^2}{2}$$

したがって

$$\begin{aligned}1-\cos ku\leqq\frac{1}{2}k^2u^2&\Rightarrow 2(1-\cos ku)\leqq k^2u^2\\&\Rightarrow(1-e^{iku})(1-e^{-iku})\leqq k^2u^2\\&\Rightarrow\left|\frac{1-e^{iku}}{iu}\right|\leqq|k|,\quad |u|>0\end{aligned}$$

これは不等式(2.33)を示している．

以上の結果を用いて(2.32)の積分を評価しよう．

$$\begin{aligned}|P_k(u)|&=\left|\frac{1-e^{-iku}\Phi(u)}{-iu}\right|=\frac{|e^{iku}-\Phi(u)|}{|iu|}\\&\leqq\frac{|1-e^{iku}|}{|iu|}+\frac{|1-\Phi(u)|}{|iu|}\quad(u=0 \text{ の近傍において})\\&\leqq|k|+M\quad((2.30)\text{ より})\end{aligned}$$

したがって

$$\begin{aligned}\int_R(1+\lambda^2)\left|P_k\left(\frac{\lambda}{2^l}\right)\right|^2dF&=\int_{|\lambda|\leqq 2^l\varepsilon}\left|P_k\left(\frac{\lambda}{2^l}\right)\right|^2(1+\lambda^2)dF\\&\quad+\int_{|\lambda|>2^l\varepsilon}\left|P_k\left(\frac{\lambda}{2^l}\right)\right|^2(1+\lambda^2)dF\\&\leqq\text{const.}\cdot(1+2^{2l}\cdot\varepsilon^2)\\&\quad\cdot\int_R dF+\int_{|\lambda|>2^l\varepsilon}\left|P_k\left(\frac{\lambda}{2^l}\right)\right|^2(1+\lambda^2)dF\end{aligned}$$

さらに

$$\begin{aligned}&\int_{|\lambda|>2^l\varepsilon}\left|P_k\left(\frac{\lambda}{2^l}\right)\right|^2(1+\lambda^2)dF\\&\quad\leqq\int_{|\lambda|>2^l\varepsilon}\left(\frac{L}{|\lambda/2^l|}\right)^2(1+\lambda^2)dF\leqq 2^{2+2l}\int_{|\lambda|>2^l\varepsilon}\left(1+\frac{1}{\lambda^2}\right)dF\end{aligned}$$

$$\leqq L^2 \cdot 2^{2l}\left(1+\frac{1}{2^{2l}\varepsilon^2}\right)\int_R dF < \infty.$$

よって，シュワルツの不等式から積分(2.32)は発散しないことがわかる．同様にして，実の場合におけるウエーブレット係数の相互相関構造を得ることができる．実際

$$\begin{aligned}
r_4(k_2, k_1 ; l, j) &\triangleq E[a_{l,k_2} \cdot b_{j,k_1}] \\
&= (2^{-l} \cdot 2^{-j})^{1/2} \cdot \int_R \int_R E[x(2^{-l}u+t) \cdot x(2^{-j}v+s)] \\
&\quad \cdot \varphi(u)\psi(v)dudv \qquad (t=2^{-l}k_2, s=2^{-j}k_1) \\
&= (2^{-(l+j)})^{1/2} \cdot \int_R \int_R R(0 ; 2^{-l}u+t, 2^{-j}v+s)\varphi(u)\psi(v)dudv \\
&= 2^{-(l+j)/2} \cdot \int_R \int_R \int_R \frac{(1-e^{i(2^{-l}u+t)})}{i\lambda} \cdot \frac{(1-e^{-i(2^{-j}v+s)})}{-i\lambda}(1+\lambda^2)dF\varphi(u)\psi(v)dudv \\
&= 2^{-(l+j)/2} \cdot \int_R \frac{1+\lambda^2}{\lambda^2}\left\{\int_R (1-e^{i(u+k_2)\lambda/2^l})\varphi(u)du\right\} \\
&\quad \cdot \left\{\int_R (1-e^{-i(v+k_1)\lambda/2^j})\psi(v)dv\right\}dF \\
&\quad (t=2^{-l}k_1, s=2^{-j}k_2 ;\ (2.21),\ (2.29)\text{およびフビニの定理より}) \\
&= 2^{-(3l+j)/2} \cdot \int_R e^{-ik_1\lambda/2^j} \frac{\Psi\left(\frac{\lambda}{2^j}\right)}{i\lambda} \cdot \overline{P}_{k_2}\left(\frac{\lambda}{2^l}\right) \cdot (1+\lambda^2)dF \qquad (2.34)
\end{aligned}$$

となる．

定理 2.7

$$\int_R \lambda^2 dF < \infty, \quad |P_k(\lambda)| \leqq M(k) < \infty, \quad \lambda \in \boldsymbol{R} \qquad (2.35)$$

とする．このとき

$$2^{3l} r_3(k_2, k_1 ; l) \to (m_1+k_2)(m_1+k_1)\int_R (1+\lambda^2)dF \quad (l \to \infty \text{ のとき}) \qquad (2.36)$$

が成立する．ここで，$m_1 = \int_0^N t\varphi(t)dt$ である．

証明

$$P_k(u) = \frac{1-e^{-iku} \cdot \Phi(u)}{iu} = \frac{1}{iu}\left(\int_R \varphi(t)dt - \int_R e^{-i(t+k)u}\varphi(t)dt\right)$$

$$=\int_R \varphi(t)\frac{1-e^{-i(t+k)u}}{iu}dt$$

$$\to\left(\int_R t\varphi(t)dt+k\int_R \varphi(t)dt\right)\triangleq(m_1+k)\quad(u\to 0\text{ のとき}).$$

これより

$$P_{k_1}\left(\frac{\lambda}{2^l}\right)\cdot\bar{P}_{k_2}\left(\frac{\lambda}{2^l}\right)(1+\lambda^2)\to(m_1+k_1)(m_1+k_2)(1+\lambda^2)\quad(l\to\infty\text{ のとき}).$$

さらに(2.35)より

$$\left|P_{k_1}\left(\frac{\lambda}{2^l}\right)\cdot\bar{P}_{k_2}\left(\frac{\lambda}{2^l}\right)(1+\lambda^2)\right|\leqq M(k_1)\cdot M(k_2)(1+\lambda^2)\qquad(2.37)$$

が成り立つ．(2.37)の右辺は条件(2.35)のもとで dF に関して可積分となるから優収束定理により(2.36)がしたがう．　□

注意：

（1）　いま $\varphi(t)$ が1次の消失性，$\int_R t\varphi(t)dt=0$ あるいは $\Phi'(0)=0$ を持つとする．

例えば，シャノンのスケーリング関数 $\varphi(t)=\dfrac{\sin\pi t}{\pi t}$, $\Phi'(0)=0$ はその例である((1.82)を参照)．このとき定理2.7により，もし，$k_1=0$ または $k_2=0$ ならば $P_k(u)\to 0$（$u\to 0$ のとき）となり，したがって

$$r_3(k_2, k_1\,;\,l)=E\{a_{l,k_2}\cdot a_{l,k_1}\}\to 0\quad(l\to\infty\text{ のとき})$$

が成り立つ．これは $\{a_{l,k}, a_{l,0}\}_{k=-\infty}^{\infty}$ が十分大なる l に対して漸近的に無相関となることを示している．

（2）　適当な条件のもとで，$u\to 0$ のとき $P_k(u)\to 0$ となるとき，(2.34)から

$$r_4(k_2, k_1\,;\,l, j)=E\{a_{l,k_2}\cdot b_{j,k_1}\}\to 0\quad(l\to\infty\text{ のとき})$$

である．すなわち，固定された各 j に対し，$l\to\infty$ のとき $\{a_{l,k_2}\}$ と $\{b_{j,k_1}\}$ は漸近的に無相関となる．

（3）　$\Psi(0)=0$, 原点の近傍において $|\Psi(\lambda)/\lambda|\leqq C<\infty$ とする．このとき，定理2.7の条件のもとで

$$r_4(k_2, k_1\,;\,l, j)=2^{-\frac{3}{2}(j+l)}\int_R e^{-ik_1\lambda/2^j}\frac{\Psi(\lambda/2^j)}{i(\lambda/2^j)}\bar{P}_{k_2}(\lambda/2^l)(1+\lambda^2)dF\to 0$$

$$(j\to\infty\text{ のとき})$$

が成り立つ．これより固定された l に対し $\{a_{l,k_2}\}$ と $\{b_{j,k}\}$ は j が十分大のとき漸近的に無相関であることがわかる．

2.4　非整数ブラウン運動

定義 2.6 (FBM)　実ガウス過程 $\{B_H(t) : t\in \boldsymbol{R}\}$ が次の条件を満たすとき，$\{B_H(t)\}$ はハースト指数（Hurst index）H $(0<H<1)$ を持つ非整数ブラウン運動（fractional Brownian motion (FBM)）と呼ばれる．

（1）　$B_H(0)=0$, a.s.

（2）　$B_H(t)$ は確率 1 で t の連続関数

（3）　$B_H(t+h)-B_H(t)\sim N(0, \sigma^2|h|^{2H}), \sigma>0$ 　　(2.38)

（‘$\sim$’は左辺の確率変数が右辺の分布にしたがうことを示す）

注意：

（a）　$\{x_t(\omega) : t\in T\}(x_t(\omega)\equiv x(t, \omega))$ は実可分ガウス過程で，$E\{x_t\}$ は t の連続関数，共分散関数 $R(s, t)$ は

$$|R(s, t)-R(s, s)|\leqq C\cdot|t-s|^{\varepsilon},\quad C\geqq 0,\quad \varepsilon>0$$

を満たすとする．このとき，確率 1 で標本（見本）関数 $x_t(\omega)$ は t の連続関数となる．

（b）　$E\{B_H(x)-B_H(y)\}^2=\sigma^2|x-y|^{2H}=\sigma^2|x|^{2H}+\sigma^2|y|^{2H}-2E\{B_H(x)B_H(y)\}$ だから

$$E\{B_H(x)B_H(y)\}=\frac{\sigma^2}{2}(|x|^{2H}+|y|^{2H}-|x-y|^{2H}) \tag{2.39}$$

となる．また，$a<b\leqq c<d$ に対して

$$\begin{aligned}&E\{[B_H(b)-B_H(a)][B_H(d)-B_H(c)]\}\\&=\frac{\sigma^2}{2}(|d-a|^{2H}+|b-c|^{2H}-|b-d|^{2H}-|a-c|^{2H})\end{aligned}$$

と表される．$a=s<b=s+\tau_2\leqq c=s+t<d=t+s+\tau_1$ に対し

$$\begin{aligned}&E\{[B_H(t+s+\tau_1)-B_H(t+s)][B_H(s+\tau_2)-B_H(s)]\}\\&=\frac{\sigma^2}{2}(|t+\tau_1|^{2H}+|\tau_2-t|^{2H}-|t+\tau_1-\tau_2|^{2H}-|t|^{2H})\\&=R(t\,;\tau_1, \tau_2)\end{aligned}$$

となり，これは s に無関係である．したがって，FBM は定常増分過程（必ずし

も直交はしていない）となる．

（c）　定義(2.38)および $B_H(0)=0$ より

$$E\{B_H(s)-B_H(0)\}^2=\mathrm{Var}(B_H(s)-B_H(0))=\mathrm{Var}(B_H(s))=\sigma^2|s|^{2H} \tag{2.40}$$

となり，したがって，FBM は非定常過程である．

（d）　$H=1/2$ のとき $\{B_H(t)\}$ は標準ブラウン運動（standard Brownian motion）と呼ばれ

$$E\{B_H(t)B_H(s)\}=\frac{\sigma^2}{2}(|t|+|s|-|t-s|) \tag{2.41}$$

が成り立つ．Voss(1988)はホワイトノイズ（white noise），ブラウン運動(Brownian motion（BM)）およびFBMのあいだの興味ある比較を行っている．その中で彼はFBMは自然現象を記述する上でBMよりも，より有益であることを見出している．

（e）　Mandelbrot and van Ness（1968）は次のようなFBM過程を提案した．

$$B_H^{(1)}(t)=\begin{cases}\dfrac{1}{\Gamma\left(H+\frac{1}{2}\right)}\displaystyle\int_{-\infty}^{t}(|t-s|^{H-(1/2)}-|s|^{H-(1/2)})dB(s), & t<0\\ 0, & t=0\\ \dfrac{1}{\Gamma\left(H+\frac{1}{2}\right)}\displaystyle\int_{-\infty}^{0}(|t-s|^{H-(1/2)}-|s|^{H-(1/2)})dB(s) & \\ \quad+\displaystyle\int_{0}^{t}|t-s|^{H-(1/2}dB(s), & t>0\end{cases} \tag{2.42}$$

ここで，$B(t)$ は $\sigma=1$ の BM である．

（f）　FBM のいくつかの統計的性質．

定義 2.7（統計的自己相似性(statistical self-similarity（SSS)） 確率過程 $\{x(t),t\in\boldsymbol{R}\}$ が次の性質を持つとき β-統計的自己相似（β-SSS）であるといわれる．

任意の $\forall a>0$ に対して

$$x(at)\overset{d}{=}a^{\beta}x(t) \tag{2.43}$$

ここに，‘d’は左辺と右辺が同一の確率分布を持つことを意味する．

(2.43)は確率過程の変動とスケール a のあいだの関係を示している．

$a>0$ に対し

$$E\{B_H(at)\}=E\{B_H(at)-B_H(0)\}=0=a^H E\{B_H(t)\}=E\{a^H B_H(t)\} \qquad (2.44)$$

$$E\{B_H^2(at)\}=\sigma^2|at|^{2H} \qquad ((2.40)\text{を参照})$$

$$=a^{2H}\cdot\sigma^2|t|^{2H}=a^{2H}\cdot E\{B_H^2(t)\}=E\{[a^H\cdot B_H(t)]^2\} \qquad (2.45)$$

となる．ガウス分布の性質から(2.44)，(2.45)は $B_H(at)$ と $a^H B_H(t)$ は同じ分布にしたがうことを示している．したがって FBM は H-SSS である．

以下において相関係数（$\sigma(\cdot)$ は・の標準偏差を表す）

$$c(t)=\frac{\mathrm{Cov}[B_H(0)-B_H(-t),\ B_H(t)-B_H(0)]}{\sigma(B_H(0)-B_H(-t))\cdot\sigma(B_H(t)-B_H(0))} \qquad (2.46)$$

について論じよう．$c(t)$ は‘過去’と‘未来’の増分の間の相関を示している．$B_H(0)=0$, a.s. より，(2.46)を次のように書き直すことができる．

$$c(t)=\frac{E\{B_H(t)(-B_H(-t))\}-(E\{B_H(t)\})(E\{-B_H(-t)\})}{\sigma(-B_H(-t))\cdot\sigma(B_H(t))}$$

$$=-\frac{E\{B_H(t)(B_H(-t))\}}{\sigma|-t|^H\cdot\sigma|t|^H}=\frac{-\frac{\sigma^2}{2}(|t|^{2H}+|-t|^{2H}-|t-(-t)|^{2H})}{\sigma^2|t|^{2H}}$$

$$=-\frac{1}{2}(2-2^{2H})=(2^{2H-1}-1) \qquad (2.47)$$

これより次のことがわかる．

$H=1/2$ のとき $c(t)=0$ となり，したがって過去と未来は独立増分を持つ．

$H>1/2$ のとき $c(t)>0$ となり，正の相関増分を持つ．特に $H\to1$ のとき $c(t)\to1$ となり，したがって過去と未来の増分の間はほぼ線形相関を持つ．

$H<1/2$ のときは $c(t)<0$，したがって負の相関増分を持つ．

2.5　非整数ブラウン運動のウエーブレット変換

$B_H(t)$ を FBM とし，$\psi(t)$ を条件(2.20)～(2.22)を満たすマザーウエーブレットとする．このとき $B_H(t)$ は定常増分過程であるから

$$W_a(t)=a^{-1/2}\int_R B_H(s)\bar{\psi}\left(\frac{s-y}{a}\right)ds,\quad a>0 \qquad (2.48)$$

は結合定常過程となる（定理 2.4）．その期待値，相関関数について

$$E\{W_a(t)\}=a^{-1/2}\int_R E\{B_H(s)\}\cdot\bar{\psi}\left(\frac{s-t}{a}\right)ds=0$$

$$\begin{aligned}E\{W_a(t)\bar{W}_a(s)\}&=\frac{1}{a}\int_R\int_R E\{B_H(u)B_H(v)\}\cdot\bar{\psi}\left(\frac{u-t}{a}\right)\psi\left(\frac{v-s}{a}\right)dudv\\&=\frac{1}{a}\int_R\int_R\frac{\sigma^2}{2}(|u|^{2H}+|v|^{2H}-|u-v|^{2H})\cdot\bar{\psi}\left(\frac{u-t}{a}\right)\psi\left(\frac{v-s}{a}\right)dudv\\&=\frac{a\sigma^2}{2}\left\{\int_R\bar{\psi}(\xi)|a\xi+t|^{2H}d\xi\cdot\int_R\psi(\eta)d\eta\right.\\&\quad+\int_R\psi(\eta)|a\eta+s|^{2H}d\eta\cdot\int_R\bar{\psi}(\xi)d\xi\\&\quad\left.-\int_R\int_R|a(\xi-\eta)+(t-s)|^{2H}\bar{\psi}(\xi)\psi(\eta)d\xi d\eta\right\}\\&\qquad\qquad\left(\xi=\frac{u-t}{a},\ \eta=\frac{v-s}{a}\right)\\&=-\frac{a\sigma^2}{2}\int_R\int_R|a(\xi-\eta)+(t-s)|^{2H}\bar{\psi}(\xi)\psi(\eta)d\xi d\eta\\&\quad\left(\int_R\psi(t)dt=0\text{ より}\right)\\&\triangleq f_a(t-s).\end{aligned}$$

さらに，$\tau=t-s$ とおくことにより相関関数

$$R_a(\tau)=-\frac{a\sigma^2}{2}\int_R\int_R|a(\xi-\eta)+\tau|^{2H}\bar{\psi}(\xi)\psi(\eta)d\xi d\eta$$

が得られる．いま

$$\begin{cases}\mu=(\xi-\eta)+\dfrac{\tau}{a}\\ \nu=\eta\end{cases}$$

とおくと，この変換のヤコビアン $|J|=1$ で

$$\begin{aligned}R_a(\tau)&=-\frac{a^{2H+1}\sigma^2}{2}\int_R|\mu|^{2H}\int_R\psi(\nu)\bar{\psi}\left(\mu+\nu-\frac{\tau}{a}\right)d\nu d\mu\\&=-\frac{a^{2H+1}\sigma^2}{2}\int_R|\mu|^{2H}\int_R\psi(\nu)\bar{\psi}\left(\nu-\left(\frac{\tau}{a}-\mu\right)\right)d\nu d\mu\end{aligned}\tag{2.49}$$

と表される．さらに

$$\gamma_\psi(x)=\int_R\psi(\nu)\bar{\psi}(\nu-x)d\nu\tag{2.50}$$

とおけば，(2.49)は次のように書き直される．

$$R_a(\tau)=-\frac{a^{2H+1}\sigma^2}{2}\int_R|\mu|^{2H}\gamma_\psi\left(\frac{\tau}{a}-\mu\right)d\mu. \tag{2.51}$$

積分(2.50)はたたみ込みとみなされるから，(2.51)における積分の部分のフーリエ変換（F. T.）は次のようになる（ここでは $1/\sqrt{2\pi}$ を省略）(*).

$$\begin{aligned}
&\int_R e^{-i\omega\tau}\left(\int_R|\mu|^{2H}\gamma_\psi\left(\frac{\tau}{a}-\mu\right)d\mu\right)d\tau\\
&=\int_R|\mu|^{2H}\left(\int_R e^{-i\omega(a(s+\mu))}\gamma_\psi(s)ds\right)\cdot a\cdot d\mu \qquad \left(s=\frac{\tau}{a}-\mu\right)\\
&=\int_R|\mu|^{2H}e^{-i(a\omega)\mu}\left(\int_R e^{-i(a\omega)s}\gamma_\psi(s)ds\right)\cdot a\cdot d\mu\\
&=a\int_R|\mu|^{2H}e^{-i(a\omega)\mu}d\mu(\hat{\gamma}_\psi(a\omega)).
\end{aligned} \tag{2.52}$$

$\hat{\gamma}_\psi(y)$ は $\psi(t)$ のたたみ込みであることから

$$\hat{\gamma}_\psi(y)=\mathcal{F}[\gamma_\psi(x)]=|\Psi(y)|^2 \quad (\mathcal{F}\text{ はフーリエ変換を示す})$$

であり，

$$\begin{aligned}
\int_R|\mu|^{2H}e^{-iy\mu}d\mu&=\int_R|\mu|^{2H}\cdot\cos(y\mu)d\mu\\
&=2\cdot\int_0^\infty\mu^{2H}\cdot\cos(y\mu)d\mu=\frac{2}{|y|^{2H+1}}\cos\left(\frac{2H+1}{2}\pi\right)\cdot\Gamma(2H+1)\\
&=-\frac{2}{|y|^{2H+1}}\sin(\pi H)\cdot\Gamma(2H+1)
\end{aligned}$$

である．したがって(2.52)を書き直して

$$(2.52)=a\cdot|\Psi(a\omega)|^2\cdot\left(-\frac{2}{|a\omega|^{2H+1}}\sin(\pi H)\cdot\Gamma(2H+1)\right)$$

を得る．$W_a(t)$ のスペクトル密度は $R_a(\tau)$ のフーリエ変換として得られるから

$$\begin{aligned}
f_a(\omega)&=\mathcal{F}[R_a(\tau)]=-\frac{\sigma^2\cdot a^{2H+1}}{2}\cdot\mathcal{F}\left[\int_R|\mu|^{2H}\gamma_\psi\left(\frac{\tau}{a}-\mu\right)d\mu\right] \quad (1/\sqrt{2\pi}\text{ を省略})\\
&=-\frac{\sigma^2\cdot a^{2H+1}}{2}\left(a\cdot|\Psi(a\omega)|^2\cdot\left(-\frac{2}{|a\omega|^{2H+1}}\sin(\pi H)\cdot\Gamma(2H+1)\right)\right)
\end{aligned}$$

(*) スペクトル密度 $f_a(\omega)$ を求めるために，ここでは $R_a(\tau)$ のフーリエ変換を形式的に行っている．一般に $R_a(\tau)$ は L^1 にも L^2 にも属さないので，ここでの議論は厳密な証明とはいえない．しかしながら最終的に得られる $f_a(\omega)$ の表現式は正しい．Kato and Masry (1999) において厳密な証明が与えられているので，興味のある読者はそれを参照されたい．

$$=\sigma^2\left(\frac{\sin(\pi H)\cdot\Gamma(2H+1)}{|\omega|^{2H+1}}\right)(a\cdot|\Psi(a\omega)|^2)$$

$$=a\cdot\sigma^2\cdot\sin(\pi H)\cdot\Gamma(2H+1)\cdot\frac{|\Psi(a\omega)|^2}{|\omega|^{2H+1}} \tag{2.53}$$

である．以上のことから次の定理を得る（厳密な証明はKato and Masry (1999) で与えられている）．

定理 2.8　$B_H(t)$ をFBMとし，$\psi(t)$ を定理2.4の条件を満たすマザーウエーブレットとする．このとき(2.48)で定義される $W_a(t)$ は定常過程となり，

$$E\{W_a(t)\}=0$$

$$R_a(\tau)=-\frac{a^{2H+1}\sigma^2}{2}\int_{\boldsymbol{R}}|\mu|^{2H}\gamma_\psi\left(\frac{\tau}{a}-\mu\right)d\mu$$

$$f_a(\omega)=a\cdot\sigma^2\cdot\sin(\pi H)\cdot\Gamma(2H+1)\cdot\frac{|\Psi(a\omega)|^2}{|\omega|^{2H+1}}$$

である．ここで，$R(\tau)$ および $f_a(\omega)$ はそれぞれ相関関数およびスペクトル密度関数を表す．

系1　$B_H(t)$ を(2.42)で定義されたFBM過程とする．このとき，$W_a(t)$ のスペクトル密度 $f_a(\omega)$ は次式で与えられる．

$$f_a(\omega)=a\cdot\frac{1}{|\omega|^{2H+1}}\cdot|\Psi(a\omega)|^2,\quad \omega\in\boldsymbol{R} \tag{2.54}$$

証明　$B_H(t)$ の共分散関数について次の関係式は容易にわかる．

$$R_H(s,t)=\frac{\sigma_H^2}{2}(|s|^{2H}+|t|^{2H}-|t-s|^{2H}),\quad t,s\in\boldsymbol{R}.$$

(2.42)に対し

$$\sigma_H^2=\left[\Gamma\left(H+\frac{1}{2}\right)\right]^{-2}\left\{\int_{-\infty}^0[(1-s)^{H-\frac{1}{2}}-(-s)^{H-\frac{1}{2}}]^2ds+\frac{1}{2H}\right\}$$

$$=-\frac{\Gamma(2-2H)\cos(\pi H)}{\pi H(2H-1)}$$

を得る．ここで $\Gamma(z)$ について

$$\Gamma(2-2H)\cdot\Gamma(1+2H)=\Gamma(2-2H)\cdot\frac{\Gamma(2+2H)}{2H+1}\quad(\Gamma(z+1)=z\cdot\Gamma(z))$$

$$=\frac{2H\pi}{\sin(2\pi H)}\cdot\frac{1-4H^2}{2H+1}$$

が成り立つことに注意しよう．実際，関係式

$$\Gamma(n+z)\cdot\Gamma(n-z)=\frac{\pi\cdot z}{\sin(\pi\cdot z)}[(n-1)!]^2\cdot\prod_{k=1}^{n-1}\left(1-\frac{z^2}{k^2}\right),\ n=1,2,\cdots$$

において $n=2, z=2H$ とおくと

$$\Gamma(2+2H)\cdot\Gamma(2-2H)=\frac{2H\pi}{\sin(2Hz)}\cdot(1-(2H)^2)$$
$$=\frac{2H\pi}{\sin(2Hz)}\cdot(1-4H^2)$$

が得られる．

定理 2.8 において σ^2 の替わりに σ_H^2 を代入することにより，(2.42)で定義された $B_H(t)$ のスペクトル密度は次式で与えられることがわかる．

$$f_a(\omega)=\left(-\frac{\Gamma(2-2H)\cdot\cos(\pi H)}{\pi\cdot H\cdot(2H-1)}\right)a\cdot\sin(\pi H)\cdot\Gamma(2H+1)\cdot\frac{|\Psi(a\omega)|^2}{|\omega|^{2H+1}}$$
$$=-\Gamma(2-2H)\cdot\Gamma(2H+1)\cdot\left(\frac{\cos(\pi H)}{\pi\cdot H\cdot(2H-1)}\right)\cdot\frac{a\cdot\sin(\pi H)}{|\omega|^{2H+1}}\cdot|\Psi(a\omega)|^2$$
$$=\frac{(4H^2-1)}{2H+1}\cdot\frac{2H\pi}{\sin(2\pi H)}\cdot\frac{\cos(\pi H)}{\pi\cdot H\cdot(2H-1)}\cdot\frac{a\cdot\sin(\pi H)}{|\omega|^{2H+1}}\cdot|\Psi(a\omega)|^2$$
$$=a\cdot\frac{|\Psi(a\omega)|^2}{|\omega|^{2H+1}}.\qquad\square$$

(2.54)からスペクトル密度は簡潔な形で

$$f_a(\omega)\sim\frac{1}{|\omega|^\gamma},\quad \gamma\text{ は定数}$$

と表されることがわかる．このような確率過程はいわゆる‘1/f 過程’（$\omega=2\pi f$ とおく）と呼ばれ，非常に重要な確率過程の 1 つである．1/f 過程については次節で詳しく述べられるであろう．

2.6　1/*f* 過程について

近年において 1/f 過程はウエーブレット解析における新しい魅力ある研究分野の 1 つとなっている．これに関する新しい結果については Wornell, G. (1996) を参照されたい．

定義 2.8　平均 0 の定常増分自己相似確率過程 $x(t)$ が次の条件を満たすとき，1/f 過程と呼ばれる．$0<\omega_0<\omega_1<\infty$ なる ω_0, ω_1 が存在して，$x(t)$ が周波数応答

$$B_1(\omega)=\begin{cases}1, & \omega_0<|\omega|<\omega_1\\ 0, & \text{その他}\end{cases} \tag{2.55}$$

を持つ理想的バンドパスフィルター（band pass filter）によって濾過されたとき，得られる確率過程 $y(t)$ が広義定常で分散が有限となる．

定理 2.9　$1/f$ 過程 $x(t)$ に対して，それを周波数応答

$$B(\omega)=\begin{cases}1, & \omega_L<|\omega|<\omega_U\\ 0, & \text{その他}\end{cases}$$

を持つ理想的バンドパスフィルターによって濾過することにより広義定常過程 $y(t)$ が得られる．$y(t)$ は分散が有限でそのパワースペクトルは次式で与えられる．

$$S_y(\omega)=\begin{cases}\dfrac{\sigma_x^2}{|\omega|^\gamma}, & \omega_L<|\omega|<\omega_U\\ 0, & \text{その他}\end{cases} \tag{2.56}$$

ここで，$\sigma_x>0$ で，スペクトル指数 γ と自己相似パラメータ H は $\gamma=2H+1$ なる関係で結ばれている．

重要な問題として，定義 2.8 を満たす自明でない確率過程が存在するか否かという点がある．その答えは肯定的であり，次の定理はその存在証明となっている．つまり定義 2.8 は少なくとも適当な γ の値に対して‘非退化’であることが示される．

定理 2.10　$0<H<1$ に対応する FBM は定義 2.8 の意味で $1/f$ 過程である．

証明　$b(t)$ を $B_1(\omega)$ の逆フーリエ変換とする．すなわち，$b(t)$ を理想的フィルターのインパルス応答関数とする．このとき

$$y(t)=\int_R B_H(s)b(t-s)ds$$

$$E\{y(t)\}=\int_R (E\{B_H(s)\})b(t-s)ds=0$$

$$E\{y(t)y(s)\}=\int_R\int_R E\{B_H(u)B_H(v)\}b(t-u)b(s-v)dudv$$
$$=\frac{\sigma^2}{2}\int_R\int_R(|u|^{2H}+|v|^{2H}-|u-v|^{2H})b(t-u)b(s-v)dudv$$

$$=\frac{\sigma^2}{2}\left\{\int_R|t-\xi|^{2H}b(\xi)d\xi\cdot\int_R b(\eta)d\eta+\int_R|s-\eta|^{2H}b(\eta)d\eta\cdot\int_R b(\xi)d\xi\right.$$
$$\left.-\int_R\int_R|(t-s)+(\eta-\xi)|^{2H}b(\xi)b(\eta)d\xi d\eta\right\}$$

$0<\omega_0$ と選ぶことができるから(2.55)によって $B_1(0)=0$，すなわち

$$B_1(0)=0=\int_R b(x)dx. \tag{2.57}$$

また

$$R_y(t,s)=-\int_R\int_R|(t-s)+(\eta-\xi)|^{2H}b(\xi)b(\eta)d\xi d\eta$$
$$=R_y(t-s) \tag{2.58}$$

である．(2.58)が成り立つこと，および $y(t)$ は平均 0 を持つことから，$y(t)$ は広義定常過程であることがわかる．　□

実に膨大な様々な自然現象が 1/*f* 型のスペクトル挙動を持っている．その一部分を紹介すると（Wornell, G.（1996）を参照)，

（1）　気温や雨量の変動，上げ潮の測定，ナイル河の洪水水位の変動，地軸の揺れ，地球の自転における周波数変動，太陽の黒点の変化などといった地球物理学上の時系列；

（2）　ダウ平均などのような経済時系列；

（3）　健康な患者の瞬間的心拍数の記録，心地よい刺激が与えられたときの脳波の変動，糖尿病患者に対するインシュリン摂取率データなどといった生理学上の時系列；

（4）　神経と合成膜を通過する電圧といった生物学上の時系列；

（5）　銀河系における放射ノイズ，光源の強さ，超伝導体におけるフラックス流といった電磁気学上の変動

等々である．

2.1 節において次の事柄が示された．$x(t)$ が定常増分過程のとき，そのウエーブレット係数

$$b_{j_1,k_1}=\int_R x(t)\psi_{j_1,k_1}(t)dt$$

$$b_{j_2,k_2}=\int_R x(t)\psi_{j_2,k_2}(t)dt$$

のあいだの相関関数は‘閉じた’形

$$r_2(k_2, k_1; j_2, j_1) \triangleq E[b_{j_2,k_2} \cdot b_{j_1,k_1}]$$
$$= 2^{-(j_1+j_2)/2} \int_R e^{i\lambda(k_2 \cdot 2^{-j_2} - k_1 \cdot 2^{-j_1})} \cdot \bar{\Psi}(\lambda \cdot 2^{-j_2}) \cdot \Psi(\lambda \cdot 2^{-j_1}) \frac{1+\lambda^2}{\lambda^2} dF(\lambda)$$

で表される．

いまもしスペクトル dF が

$$dF(\lambda) = \frac{1}{2\pi} \frac{\lambda^2}{1+\lambda^2} \cdot \frac{\sigma_x^2}{|\lambda|^{2H+1}} d\lambda$$

と表されているとしよう．ここで，H は $0<H<1$ で $\int_R dF < \infty$ を満たすように選ばれた定数である．このとき定理2.4，系1によって，対応するスペクトル密度関数は

$$f_a(\lambda) = \frac{a\sigma_x^2}{2\pi} \frac{|\Psi(a\lambda)|^2}{|\lambda|^{2H+1}}$$

となり，これは $1/f$ 過程の形を示している．さらに(2.27)について

$$r_2(k_2, k_1; j_2, j_1)$$
$$= \frac{2^{-(j_1+j_2)/2}}{2\pi} \int_R e^{i\lambda(k_2 \cdot 2^{-j_2} - k_1 \cdot 2^{-j_1})} \cdot \bar{\Psi}(\lambda \cdot 2^{-j_2}) \cdot \Psi(\lambda \cdot 2^{-j_1}) \frac{\sigma_x^2}{|\lambda|^{2H+1}} d\lambda \qquad (2.59)$$

となる．この式で $k_1 = k_2 = k, j_1 = j_2 = j$ とし，$u = \lambda \cdot 2^{-j}$ と変換することにより

$$\mathrm{Var}(b_{j,k}) = \sigma^2 \cdot 2^{-j\gamma}, \quad \gamma = 2H+1 \qquad (2.60)$$

を得る．ここに $\sigma^2 = \frac{1}{2\pi} \int_R \frac{\sigma_x^2}{|\lambda|^{2H+1}} \cdot |\Psi(\lambda)|^2 d\omega$ である．分散 $\mathrm{Var}(b_{j,k})$ は k に無関係となっていることに注意しよう．

いま正規化されたウエーブレット相関係数を

$$\rho(k_2, k_1; j_2, j_1) = \frac{r_2(k_2, k_1; j_2, j_1)}{\mathrm{Var}^{1/2}(b_{j_1,k_1}) \cdot \mathrm{Var}^{1/2}(b_{j_2,k_2})}$$

によって定義する．このとき(2.59)，(2.60)から，$j_1 = j_2 = j$ のとき

$$\rho(k_2, k_1; j, j) = (2^{-j\gamma}\sigma^2)^{-1} \cdot 2^{-j} \frac{1}{2\pi} \int_R e^{i(\lambda 2^{-j})(k_2 - k_1)} \cdot |\Psi(\lambda \cdot 2^{-j})|^2 \cdot \frac{\sigma_x^2}{|\lambda|^{2H+1}} d\lambda$$
$$= \frac{1}{2\pi\sigma^2} \int_R \frac{\sigma_x^2}{|u|^{2H+1}} \cdot |\Psi(u)|^2 \cdot e^{i(k_2-k_1)u} du \quad (u = \lambda \cdot 2^{-j}) \qquad (2.61)$$

となる．また，$(k_1, k_2; j_1, j_2)$ が $2^{-j_1} \cdot k_1 = 2^{-j_2} \cdot k_2$ を満たすとき

$$\rho(k_2, k_1; j_2, j_1) = \frac{1}{2\pi\sigma^2} 2^{-(1-\gamma)(j_1-j_2)/2} \int_R \frac{\sigma_x^2}{|u|^{2H+1}} \cdot \bar{\Psi}(u) \cdot \Psi(2^{-(j_1-j_2)} u) du \qquad (2.62)$$

となる．

(2.62)は次のようにして示される．

$$r_2(k_2, k_1; j_2, j_1)=\frac{2^{-(j_1+j_2)/2}}{2\pi}\int_R \Psi(2^{-(j_1-j_2)}u)\cdot\bar{\Psi}(u)\cdot\frac{\sigma_x^2}{|2^{j_2}\cdot u|^{2H+1}}\cdot 2^{j_2}du.$$

$$\mathrm{Var}(b_{j_1,k_1})=\sigma^2\cdot 2^{-j_1\gamma},\quad \mathrm{Var}(b_{j_2,k_2})=\sigma^2\cdot 2^{-j_2\gamma}.$$

よって

$$\begin{aligned}\rho(k_2, k_1; j_2, j_1)&=\left(\frac{1}{2\pi}\int_R \Psi(2^{-(j_1-j_2)}u)\cdot\bar{\Psi}(u)\cdot\frac{\sigma_x^2}{|u|^{2H+1}}du\right)\\&\quad\cdot 2^{-(j_1+j_2)/2}\cdot 2^{j_2}\cdot 2^{-j_2\cdot\gamma}\cdot(2^{j_1\gamma/2}\cdot 2^{j_2\gamma/2}\cdot\sigma^{-2})\\&=2^{-(j_1-j_2)\frac{1-\gamma}{2}}\cdot\left(\frac{1}{2\pi\sigma^2}\int_R \Psi(2^{-(j_1-j_2)}u)\cdot\bar{\Psi}(u)\cdot\frac{\sigma_x^2}{|u|^{2H+1}}du\right)\\&=2^{(j_2-j_1)H}\cdot\left(\frac{1}{2\pi\sigma^2}\int_R \Psi(2^{-(j_1-j_2)}u)\cdot\bar{\Psi}(u)\cdot\frac{\sigma_x^2}{|u|^{2H+1}}du\right)\end{aligned}\tag{2.63}$$

実際の応用の場面では $k_1=k, k_2=k-l, j_1=j_2=j$ （l は‘遅れ’，‘ラグ’（lag）と呼ばれる）の場合が特に興味があり，このとき(2.61)を

$$\rho(k, k-l; j, j)=\frac{\sigma_x^2}{2\pi\sigma^2}\int_R\frac{|\Psi(u)|^2}{|u|^{2H+1}}\cdot e^{-ilu}du \tag{2.64}$$

と書き直すことができる．

実際の研究において，(2.60)，(2.64)は通常，適当に選ばれた $\gamma=2H+1$ に対して 1/f 過程を識別するために用いられる．それは 1/f 過程の場合はその分散は $j\to\infty$ に対して幾何学的に減衰し，(2.64)はラグ l が増加するとき急速に減少するからである．実際の多くの興味のある例，例えば，毎週のダウ平均データ，瞬間心拍数記録等々が，Wornell, G.（1996）のなかで述べられている．

第3章 定常ノイズの存在のもとでの回帰関数の推定

3.1 はじめに

実際上の多くの問題はノイズの伴った観測値においてその傾向成分（trend component）を見出すことに関心がある．例えば，図 3-1 は 1989 年 8 月 1 日から 1991 年 7 月 31 日の期間における USD vs. HKD（米ドル対香港ドル）の実際の記録である．このデータをみて金融の研究者は傾向成分をいかにして推定するかを知りたいであろう．

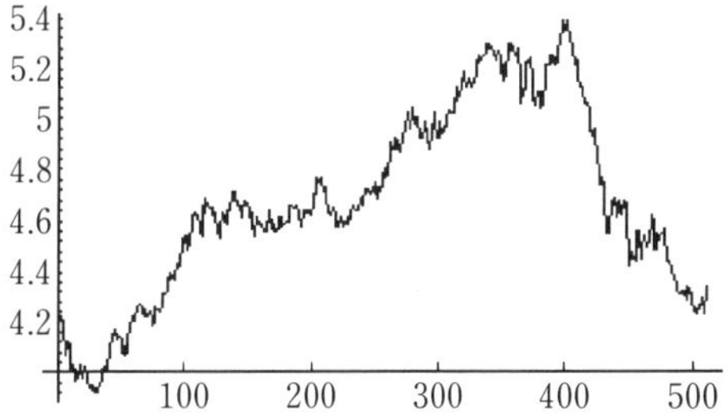

図 3-1 米ドル(USD)対香港ドル(HKD)の為替相場の変動

時系列解析の理論においてはすでにこの分野についての多くの草分け的な仕事がなされており，上述の問題は特に新しい研究のテーマではない．この問題は次のように述べることができる．

観測値 $y(t)$ は

$$y(t)=s(t)+e(t) \quad t=0, \pm1, \pm2, \cdots \tag{3.1}$$

と表される．ここで，$s(t)$ は適当な数学的条件を満たす確定的（非確率的）な未知関数で，$e(t)$ は‘ノイズ’を表す．$e(t)$ についても適当な数学的条件を満たしているとする．例えば，独立同一分布（i.i.d）系列，弱相関系列（混合条件（mixing condition）を満たす），定常系列，あるいは条件付き不均一分散性を持った系列など．

Grenander and Rosenblatt（1957），Chiang Tse-pei（1959）は $s(t)$ が多項式あるいは三角関数で $e(t)$ が定常系列の場合を取り扱っている．この話題についての他の報告は Yaglom（1987 a, b）でなされている．最近になって多数の研究者が回帰関数の推定問題を解くためにウエーブレットをその手段として用い，多くの興味のある結果が文献に報告されている（Brillinger（1996），Donoho and Johnstone（1994, 1995），Donoho et al.（1995, 1997），Li and Xie（1998）を参照）．

本章においては，主として Brillinger（1996）で提案されたウエーブレットの方法による回帰関数の推定について述べよう．多くの研究者は残差部分 $e(t)$ が i.i.d. あるいは Gaus 系列と仮定しているが，Brillinger は定常性の場合を扱い，キュミュラントに基づいた証明法を用いている．彼の結果は示唆に富んでおり，ウエーブレットに関心のある研究者にとってきわめて有益なものである．

3.2　ウエーブレットと統計的推定

1.　モデルと推定量

観測モデルが次のように表されるとする．

$$y(t)=s(t)+e(t),\quad t=0,\pm1,\pm2,\cdots,\pm T \tag{3.2}$$

ここで確定的な未知関数 $s(t)$ は，ある未知の関数 $h(t)$ の特定の標本値であると仮定する．すなわち

$$s(t)=h\left(\frac{t}{T}\right),\quad t=0,\pm1,\pm2,\cdots,\pm T \tag{3.3}$$

とする．ここに，$h(\cdot)$ は $[-1,1]$ 上で定義された有界変動関数である．

$\varphi(\cdot),\psi(\cdot)$ をそれぞれ実スケーリング関数およびマザーウエーブレットとする．任意の $U>0,\ l\in\boldsymbol{Z}$ に対し

$$\begin{aligned}\varphi_{l,k}^{U}(x)&=\sqrt{U}\varphi_{l,k}(Ux),\quad k\in\boldsymbol{Z}\\ \psi_{j,k}^{U}(x)&=\sqrt{U}\psi_{j,k}(Ux),\quad j\geqq l,\ k\in\boldsymbol{Z}\end{aligned} \tag{3.4}$$

とおくと，これらは直交系をなし，$L^2(\boldsymbol{R})$ で完備であることがわかる（Hall and Patil（1994）を参照）．パラメータ U は大標本におけるウエーブレット推定量の挙動の研究を容易にするために導入されたものである．

このとき $h(x)$ は次のように展開される．

$$h(x)=\sum_{k}\alpha_{l,k}^{U}\varphi_{l,k}^{U}(x)+\sum_{j\geqq l}\sum_{k}\beta_{j,k}^{U}\psi_{j,k}^{U}(x),\quad x\in[-1,1] \tag{3.5}$$

ここに

$$\alpha^U_{l,k}=\int_R \varphi^U_{l,k}(x)h(x)dx$$
$$\beta^U_{j,k}=\int_R \psi^U_{j,k}(x)h(x)dx. \tag{3.6}$$

特に $U=2^n$ と選ぶと

$$\alpha^U_{l,k}=\alpha_{l+n,k},\ \beta^U_{j,k}=\beta_{j+n,k}$$
$$\varphi^U_{l,k}(x)=\varphi_{l+n,k}(x),\ \psi^U_{j,k}(x)=\psi_{j+n,k}(x)$$

となる．

$\varphi(\cdot)$ が有界な台を持つ場合は，(3.5)における高次の項については多くの係数は 0 または非常に小さな値になる．特に実際上は十分大きい J に対して，$h(\cdot)\in V_J$ と仮定することができるから

$$\begin{aligned} h(x)&=\sum_k \alpha_{J,k}\varphi_{J,k}(x)\\ &=\sum_{j=-\infty}^{J-1}\sum_k \beta_{j,k}\psi_{j,k}(x)\\ &=\sum_k \alpha_{l,k}\varphi_{l,k}(x)+\sum_{j=l}^{J-1}\sum_k \beta_{j,k}\psi_{j,k}(x) \quad (l\leqq J-1) \end{aligned} \tag{3.5$'$}$$

と展開できる（1.1 節を参照）．

観測値 $y(t),\ t=0,\ \pm1,\ \pm2,\ \cdots,\ \pm T$ に基づく $h(\cdot)$ の推定量は，十分大なる解像レベル J に対して

$$\hat{h}_T(x)=\sum_k \hat{\alpha}^U_{l,k}\varphi^U_{l,k}(x)+\sum_{j=l}^{J-1}\sum_k \hat{\beta}^U_{j,k}\psi^U_{j,k}(x) \tag{3.7}$$
$$=\sum_k \hat{\alpha}^U_{J,k}\varphi^U_{J,k}(x) \tag{3.8}$$

あるいは

$$\hat{h}_T(x)=\sum_{j=-\infty}^{J-1}\sum_k \hat{\beta}^U_{j,k}\psi^U_{j,k}(x) \tag{3.9}$$

によって与えられる．ここで

$$\hat{\alpha}^U_{l,k}=\frac{1}{T}\sum_{t=-T}^{T}\varphi^U_{j,k}\left(\frac{t}{T}\right)y(t)$$
$$\hat{\beta}^U_{j,k}=\frac{1}{T}\sum_{t=-T}^{T}\psi^U_{j,k}\left(\frac{t}{T}\right)y(t) \tag{3.10}$$

は経験ウエーブレット係数（empirical wavelet coefficient）を表す．

2.　数学的仮定

以下では次のことを仮定する．

A 1．$h(\cdot)$ は $[-1,1]$ 上で有界変動関数で $h(x)=0,\ x\notin[-1,1]$

A 2．$\varphi(\cdot)$ は有界変動関数で，ある正の整数 N に対してその台が $[0,2N-1]$ に含まれる．マザーウエーブレットは次のように表される．

$$\psi(x)=\sum_{k=0}^{2N-1}(-1)^k C_{-k+1}\varphi(2x-k) \tag{3.11}$$

明らかに $\mathrm{supp}(\psi)\subset[0,2N-1]$ である．

A 3．$e(t)$ は実定常系列で $E\{e(t)\}\equiv 0$ を満たす．$e(t)$ のキュムラントはすべての m に対して有限で，

$$C_m(u_1,u_2,\cdots,u_{m-1})=\mathrm{Cum}\{e(t+u_1),\cdots,e(t+u_{m-1}),e(t)\} \tag{3.12}$$

とおくとき

$$K_m=\sum_{u_1,\cdots,u_{m-1}}|C_m(u_1,u_2,\cdots,u_{m-1})|<\infty \tag{3.13}$$

$$\sum_{u=-\infty}^{\infty}|u||C_2(u)|<\infty \tag{3.14}$$

$$f_{ee}(0)=\frac{1}{2\pi}\sum_{u}C_2(u)\neq 0 \tag{3.15}$$

を満たす．キュムラントの定義およびその統計的性質などについては6.6節あるいはBrillinger（1981）を参照されたい．(3.14)，(3.15)における $C_2(u)$ は $e(t)$ の共分散関数を表していることは明らかである．

3.3　主要な結果

1.　ウエーブレット係数の一致推定量

定理 3.1　条件 A 1～A 3 のもとで次の結果が成立する．

（1）　$$E\{\hat{\alpha}^U_{l,k}-\alpha^U_{l,k}\}=O(2^{l/2}\cdot U^{1/2}\cdot T^{-1}) \tag{3.16}$$

$$E\{\hat{\beta}^U_{j,k}-\beta^U_{j,k}\}=O(^{j/2}\cdot U^{1/2}\cdot T^{-1}) \tag{3.17}$$

（2）　$$\mathrm{Cov}\{\hat{\alpha}^U_{l,k},\ \hat{\alpha}^U_{\mu,\nu}\}=\frac{2\pi f_{ee}(0)}{T}\int_{-U}^{U}\varphi_{l,k}(x)\varphi_{\mu,\nu}(x)dx+O(2^{(l+\mu)/2}\cdot U\cdot T^{-2}) \tag{3.18}$$

$$\mathrm{Cov}\{\hat{\alpha}^U_{l,k},\ \hat{\beta}^U_{\mu,\nu}\}=\frac{2\pi f_{ee}(0)}{T}\int_{-U}^{U}\varphi_{l,k}(x)\psi_{\mu,\nu}(x)dx+O(2^{(l+\mu)/2}\cdot U\cdot T^{-2}) \tag{3.19}$$

$$\mathrm{Cov}\{\hat{\beta}^U_{j,k},\ \hat{\beta}^U_{\mu,\nu}\}=\frac{2\pi f_{ee}(0)}{T}\int_{-U}^{U}\psi_{j,k}(x)\psi_{\mu,\nu}(x)dx+O(2^{(j+\mu)/2}\cdot U\cdot T^{-2}) \tag{3.20}$$

ここで，誤差項はすべて j, k, l, μ, ν, U, T について一様である．

定理 3.1 を証明するために次の補題が必要である．

補題 3.1　条件 A 2 のもとで $\psi(x)$ は $[-1,1]$ 上で有界，かつ有界変動である．

証明　$f(x)$ は $[-1,1]$ 上で有界変動，$a>0, b$ を任意の実数としたとき，$g(x)=f(ax+b)$ は $[(-1-b)/a, (1-b)/a]$ 上で有界変動となる．したがってその全変動は有限となる．さらに，このような関数 $g(x)$ の有限個の 1 次結合も有界かつ有界変動となる．これより補題 3.1 が成り立つことがわかる．　□

補題 3.2　$g(x)$ は $[-1,1]$ 上で有界変動とする．このとき

$$\left|\int_{-1}^{1}g(x)dx-\frac{1}{T}\sum_{t=-T}^{T}g\left(\frac{t}{T}\right)\right|\leqq\frac{V}{T} \tag{3.21}$$

ここで，$V=V(g)$ は g の全変動を表す．

証明　$g(x)=0, x\notin[-1,1]$ だから

$$\left|\int_{-1}^{1}g(x)dx-\frac{1}{T}\sum_{t=-T}^{T}g\left(\frac{t}{T}\right)\right|\leqq\sum_{t=-T}^{T}\left|\int_{t/T}^{(t+1)/T}\left(g(x)-g\left(\frac{t}{T}\right)\right)dx\right|$$

$$\leqq\sum_{t=-T}^{T}\sup_{x}\left|g(x)-g\left(\frac{t}{T}\right)\right|\frac{1}{T}\leqq\frac{1}{T}V(g).\qquad\square$$

補題 3.3　$V(\psi^U_{j,k}(x))\leqq A\cdot 2^{j/2}\cdot U^{1/2}$，ここで，$A$ は j, k, U に無関係な定数である．

証明　定義から

$$\psi^U_{j,k}(x)=U^{1/2}\psi_{j,k}(Ux)=2^{j/2}\cdot U^{1/2}\cdot\psi(2^jUx-k)$$

$$=2^{j/2}\cdot U^{1/2}\cdot\sum_{s=0}^{2N-1}(-1)^sC_{-s+1}\cdot\varphi(2(2^jx'-k)-s),\ (x'=Ux)$$

である．したがって

$$\sup\left[\sum_l\left|\psi^U_{j,k}(x_{l+1})-\psi^U_{j,k}(x_l)\right|\right]$$

$$=\sup\left[2^{j/2}U^{1/2}\sum_l\left|\sum_{s=0}^{2N+1}(-1)^s C_{-s+1}(\varphi(2(2^j x'_{l+1}-k)-s)-\varphi(2(2^j x'_l-k)-s))\right|\right]$$

$$\leqq 2^{j/2}U^{1/2}\sum_{s=0}^{2N-1}|C_{-s+1}|\cdot\sup\sum_l|\varphi(2^{j+1}x'_{l+1}-(2k+s))-\varphi(2^{j+1}x'_l-(2k+s))|$$

$$\leqq 2^{j/2}U^{1/2}V(\varphi)\cdot\sum_{s=0}^{2N-1}|C_{-s+1}|=A\cdot 2^{j/2}\cdot U^{1/2}$$

となる．ここで，定数 A は j, k, U に無関係である．　□

ここで定理 3.1 の証明に移ろう．

（1）　$\hat{\alpha}^U_{l,k}$ についても同様であるから，$\hat{\beta}^U_{j,k}$ の偏り（bias）についてのみ示そう．$\beta^U_{j,k}, \hat{\beta}^U_{j,k}$ の定義および $E\{e(t)\}\equiv 0$ より次式を得る．

$$E(\hat{\beta}^U_{j,k}-\beta^U_{j,k})=\frac{1}{T}\sum_{t=-T}^{T}\psi^U_{j,k}\left(\frac{t}{T}\right)h\left(\frac{t}{T}\right)-\int_{-1}^{1}h(x)\psi^U_{j,k}(x)dx$$

$$|E(\hat{\beta}^U_{j,k}-\beta^U_{j,k})|\leqq\frac{2}{T}V(\psi^U_{j,k}(x)h(x))\leqq\frac{A}{T}U^{1/2}\cdot 2^{j/2}. \tag{3.22}$$

実際，ψ, h は有界かつ有界変動だから補題 3.1，補題 3.3 から(3.22)がしたがう．ここで A は j, k, U に無関係である．

（2）　$\hat{\beta}^U_{j,k}$ について $j=\mu, k=\nu$ の場合を示す．他の 2 つの結果も同様に示すことができる．容易にわかるように

$$\mathrm{Var}(\hat{\beta}^U_{j,k})=E[\hat{\beta}^U_{j,k}-E\{\hat{\beta}^U_{j,k}\}]^2$$

$$=E\left[\frac{1}{T}\sum_{t=-T}^{T}\psi^U_{j,k}\left(\frac{t}{T}\right)(y(t)-Ey(t))\right]^2$$

$$=\frac{1}{T^2}\sum_{t_1=-T}^{T}\sum_{t_2=-T}^{T}\psi^U_{j,k}\left(\frac{t_1}{T}\right)\psi^U_{j,k}\left(\frac{t_2}{T}\right)E[(y(t_1)-Ey(t_1))(y(t_2)-Ey(t_2))] \tag{3.23}$$

と表される．さらに

$$E[(y(t_1)-E(y(t_1)))(y(t_2)-E(y(t_2)))]=E(e(t_1)e(t_2))=C_2(t_1-t_2) \tag{3.24}$$

を用いると，(3.23)は

$$\mathrm{Var}(\hat{\beta}^U_{j,k})=\frac{1}{T^2}\sum_{t_1=-T}^{T}\sum_{t_2=-T}^{T}\psi^U_{j,k}\left(\frac{t_1}{T}\right)\psi^U_{j,k}\left(\frac{t_2}{T}\right)C_2(t_1-t_2)$$

と書き直される．$u=t_1-t_2, t_1=u+t_2$ とおくと

$$\begin{aligned}\mathrm{Var}(\hat{\beta}^U_{j,k})&=\frac{1}{T^2}\sum_{t_2=-T}^{T}\sum_{u+t_2=-T}^{T}\psi^U_{j,k}\left(\frac{u+t_2}{T}\right)\psi^U_{j,k}\left(\frac{t_2}{T}\right)C_2(u)\\&=\frac{1}{T^2}\sum_{t=-T}^{T}\sum_{u=-t-T}^{-t+T}\psi^U_{j,k}\left(\frac{u+t}{T}\right)\psi^U_{j,k}\left(\frac{t}{T}\right)C_2(u)\\&=\frac{1}{T^2}\left[\sum_{u=-2T}^{-1}\sum_{t=-u-T}^{T}+\sum_{u=0}^{2T}\sum_{t=-T}^{-u+T}\right]C_2(u)\psi^U_{j,k}\left(\frac{u+t}{T}\right)\psi^U_{j,k}\left(\frac{t}{T}\right)\\&\triangleq\left(\sum\nolimits_1+\sum\nolimits_2\right)T^{-2}\end{aligned}\tag{3.25}$$

ここで

$$\begin{aligned}\sum\nolimits_1'&\triangleq\sum_{u=-2T}^{0}\sum_{t=-u-T}^{T}C_2(u)\psi^U_{j,k}\left(\frac{u+t}{T}\right)\psi^U_{j,k}\left(\frac{t}{T}\right)\\&=\sum_{u=-2T}^{0}\sum_{s=-T}^{T+u}C_2(u)\psi^U_{j,k}\left(\frac{s}{T}\right)\psi^U_{j,k}\left(\frac{s-u}{T}\right),\\&=\sum_{v=0}^{2T}C_2(v)\sum_{s=-T}^{T-v}\psi^U_{j,k}\left(\frac{s}{T}\right)\psi^U_{j,k}\left(\frac{s+v}{T}\right),\ (v=-u,\ c_2(-u)=c_2(u))\\&=\sum\nolimits_2\end{aligned}\tag{3.26}$$

である．したがって

$$\sum\nolimits_1=\sum\nolimits_2-\sum_{t=-T}^{T}C_2(0)\psi^U_{j,k}\left(\frac{t}{T}\right)\psi^U_{j,k}\left(\frac{t}{T}\right).\tag{3.27}$$

よって

$$\mathrm{Var}(\hat{\beta}^U_{j,k})=2\left(\sum\nolimits_2\cdot T^{-2}\right)-\sum_{t=-T}^{T}\frac{C_2(0)}{T^2}\left(\psi^U_{j,k}\left(\frac{t}{T}\right)\right)^2\tag{3.28}$$

$$=\frac{2}{T^2}\sum_{u=0}^{2T}C_2(u)\sum_{t=-T}^{T-u}\psi^U_{j,k}\left(\frac{t}{T}\right)\psi^U_{j,k}\left(\frac{t+u}{T}\right)-\frac{C_2(0)}{T^2}\sum_{t=-T}^{T}\left(\psi^U_{j,k}\left(\frac{t}{T}\right)\right)^2\tag{3.29}$$

を得る．非負整数 u に対して

$$\begin{aligned}&\sum_{t=-T}^{T-u}\psi^U_{j,k}\left(\frac{t}{T}\right)\psi^U_{j,k}\left(\frac{t+u}{T}\right)\\&=\sum_{t=-T}^{T-u}\psi^U_{j,k}\left(\frac{t}{T}\right)\left[\psi^U_{j,k}\left(\frac{t+u}{T}\right)-\psi^U_{j,k}\left(\frac{t+u-1}{T}\right)+\psi^U_{j,k}\left(\frac{t+u-1}{T}\right)\right.\\&\quad-\psi^U_{j,k}\left(\frac{t+u-2}{T}\right)+\psi^U_{j,k}\left(\frac{t+u-2}{T}\right)-\cdots+\psi^U_{j,k}\left(\frac{t+u-(u-1)}{T}\right)\\&\quad\left.-\psi^U_{j,k}\left(\frac{t}{T}\right)+\psi^U_{j,k}\left(\frac{t}{T}\right)\right]\\&=\sum_{t=-T}^{T-u}\psi^U_{j,k}\left(\frac{t}{T}\right)\left[\sum_{s=0}^{u-1}\left(\psi^U_{j,k}\left(\frac{t+s+1}{T}\right)-\psi^U_{j,k}\left(\frac{t+s}{T}\right)\right)+\psi^U_{j,k}\left(\frac{t}{T}\right)\right]\end{aligned}$$

$$=\sum_{t=-T}^{T-u}\sum_{s=0}^{u-1}\psi_{j,k}^{U}\left(\frac{t}{T}\right)\left[\psi_{j,k}^{U}\left(\frac{t+s+1}{T}\right)-\psi_{j,k}^{U}\left(\frac{t+s}{T}\right)\right]+\sum_{t=-T}^{T-u}\left(\psi_{j,k}^{U}\left(\frac{t}{T}\right)\right)^2 \tag{3.30}$$

が成立する．

(3.30)を(3.29)に代入して

$$\begin{aligned}\mathrm{Var}(\hat{\beta}_{j,k}^{U})&=\frac{2}{T^2}\sum_{u=0}^{2T}C_2(u)\left(\sum_{t=-T}^{T-u}\sum_{s=0}^{u-1}\psi_{j,k}^{U}\left(\frac{t}{T}\right)\left[\psi_{j,k}^{U}\left(\frac{t+s+1}{T}\right)-\psi_{j,k}^{U}\left(\frac{t+s}{T}\right)\right]\right.\\&\quad\left.+\sum_{t=-T}^{T-u}\left(\psi_{j,k}^{U}\left(\frac{t}{T}\right)\right)^2\right)-\frac{C_2(0)}{T^2}\sum_{t=-T}^{T}\left(\psi_{j,k}^{U}\left(\frac{t}{T}\right)\right)^2\\&=\frac{2}{T^2}\sum_{u=0}^{2T}C_2(u)\sum_{t=-T}^{T-u}\sum_{s=0}^{u-1}\psi_{j,k}^{U}\left(\frac{t}{T}\right)\left[\psi_{j,k}^{U}\left(\frac{t+s+1}{T}\right)-\psi_{j,k}^{U}\left(\frac{t+s}{T}\right)\right]\\&\quad+\frac{2}{T^2}\sum_{u=0}^{2T}C_2(u)\sum_{t=-T}^{T-u}\left(\psi_{j,k}^{U}\left(\frac{t}{T}\right)\right)^2-\frac{C_2(0)}{T^2}\sum_{t=-T}^{T}\left(\psi_{j,k}^{U}\left(\frac{t}{T}\right)\right)^2 \qquad (3.31)\\&=\frac{2}{T^2}\sum_{u=0}^{2T}C_2(u)\sum_{t=-T}^{T-u}\sum_{s=0}^{u-1}\psi_{j,k}^{U}\left(\frac{t}{T}\right)\left[\psi_{j,k}^{U}\left(\frac{t+s+1}{T}\right)-\psi_{j,k}^{U}\left(\frac{t+s}{T}\right)\right]\\&\quad+\frac{1}{T^2}\sum_{t=-T}^{T}\left(\psi_{j,k}^{U}\left(\frac{t}{T}\right)\right)^2\sum_{u=t-T}^{T-t}C_2(u)\\&\triangleq I_1+I_2 \qquad (3.32)\end{aligned}$$

となる．さらに

$$\begin{aligned}|I_1|&=\left|\frac{2}{T^2}\sum_{u=0}^{2T}C_2(u)\left(\sum_{t=-T}^{T-u}\sum_{s=0}^{u-1}\psi_{j,k}^{U}\left(\frac{t}{T}\right)\left[\psi_{j,k}^{U}\left(\frac{t+s+1}{T}\right)-\psi_{j,k}^{U}\left(\frac{t+s}{T}\right)\right]\right|\\&\leqq\frac{2}{T^2}\sum_{u=0}^{2T}|C_2(u)|\sum_{s=0}^{u-1}(B\cdot 2^{j/2}\cdot U^{1/2})\cdot V(\psi_{j,k}^{U}(x))\\&\leqq\frac{2}{T^2}C\cdot 2^{j}\cdot U\cdot\sum_{u=0}^{2T}u|C_2(u)| \quad (\text{補題 3.1, 3.3 より})\\&\leqq A\cdot 2^{j}\cdot U\cdot T^{-2} \qquad (3.33)\end{aligned}$$

ここで，$A=2C\cdot\sum_{u=0}^{\infty}|uC_2(u)|<\infty$ である．

したがって

$$\begin{aligned}&\left|\mathrm{Var}(\hat{\beta}_{j,k}^{U})-\frac{2\pi}{T}f_{ee}(0)\int_{-U}^{U}(\psi_{j,k}(x))^2dx\right|\\&=\left|I_1+\left(I_2-\frac{2\pi}{T}f_{ee}(0)\int_{-U}^{U}(\psi_{j,k}(x))^2dx\right)\right|\end{aligned}$$

$$\leqq |I_1| + \left| \frac{1}{T^2} \sum_{t=-T}^{T} \left(\psi_{j,k}^{U}\left(\frac{t}{T}\right)\right)^2 \cdot \sum_{u=-(T-t)}^{T-t} C_2(u) - \frac{2\pi}{T} f_{ee}(0) \int_{-U}^{U} (\psi_{j,k}(x))^2 dx \right| \tag{3.34}$$

が成り立つ．(3.34)の右辺の第 1 項は(3.33)によって評価され，第 2 項は次のように評価される．

$$\left| \frac{1}{T^2} \sum_{t=-T}^{T} \left(\psi_{j,k}^{U}\left(\frac{t}{T}\right)\right)^2 \cdot \sum_{u=-(T-t)}^{T-t} C_2(u) - \frac{2\pi}{T} f_{ee}(0) \int_{-U}^{U} (\psi_{j,k}(x))^2 dx \right|$$

$$\leqq \left| \frac{1}{T^2} \sum_{t=-T}^{T} \left(\psi_{j,k}^{U}\left(\frac{t}{T}\right)\right)^2 \cdot \sum_{u=-\infty}^{\infty} C_2(u) - \frac{1}{T} \sum_{u=-\infty}^{\infty} C_2(u) \cdot \int_{-U}^{U} (\psi_{j,k}(x))^2 dx \right|$$

$$+ \left| \frac{1}{T^2} \sum_{t=-T}^{T} \left(\psi_{j,k}^{U}\left(\frac{t}{T}\right)\right)^2 \cdot \left[\sum_{u=-\infty}^{-(T-t+1)} + \sum_{u=T-t+1}^{\infty} \right] C_2(u) \right|$$

$$\triangleq J_1 + J_2 \tag{3.35}$$

ここで

$$J_1 \leqq \frac{2\pi}{T} f_{ee}(0) \cdot \left| \frac{1}{T} \sum_{t=-T}^{T} \left(\psi_{j,k}^{U}\left(\frac{t}{T}\right)\right)^2 - \int_{-U}^{U} (\psi_{j,k}(x))^2 dx \right|$$

$$\leqq \frac{2\pi}{T^2} f_{ee}(0) \cdot 2^j \cdot U \cdot 2V\{(\psi_{j,k}(x))^2\} \quad \text{（補題 3.2 より）} \tag{3.36}$$

$$J_2 \leqq \frac{1}{T^2} \left| \sum_{t=-T}^{T} \left(\psi_{j,k}^{U}\left(\frac{t}{T}\right)\right)^2 \cdot 2 \sum_{u=T-t+1}^{\infty} C_2(u) \right|$$

$$\leqq \frac{2}{T^2} \left(\left| \sum_{u=1}^{2T} \sum_{t=-u+T+1}^{T} C_2(u) \left(\psi_{j,k}^{U}\left(\frac{t}{T}\right)\right)^2 \right| + \left| \sum_{u=2T+1}^{\infty} \sum_{t=-T}^{T} C_2(u) \left(\psi_{j,k}^{U}\left(\frac{t}{T}\right)\right)^2 \right| \right)$$

$$\triangleq J_{2,1} + J_{2,2} \tag{3.37}$$

(3.37)の右辺第 1 項について

$$J_{2,1} \leqq \frac{2}{T^2} \left(\sum_{u=1}^{2T} |C_2(u)| \sum_{t=-u+T+1}^{T} \left(\psi_{j,k}^{U}\left(\frac{t}{T}\right)\right)^2 \right)$$

$$\leqq \frac{C_1}{T^2} 2^j \cdot U \cdot \left(\sum_{u=1}^{2T} |C_2(u)| \cdot |u| \right) \leqq \left(C_1 \sum_{u=0}^{\infty} \left| C_2(u) \right| \cdot |u| \right) \cdot 2^j \cdot U \cdot T^{-2} \tag{3.38}$$

(3.37)の第 2 項については（U を十分大として）

$$J_{2,2} = \frac{2}{T^2} \left| \sum_{u=2T+1}^{\infty} C_2(u) \sum_{t=-T}^{T} \left(\psi_{j,k}^{U}\left(\frac{t}{T}\right)\right)^2 \right|$$

$$\leqq \frac{2}{T^2} \left(\sum_{u=0}^{\infty} \frac{|u|}{T} |C_2(u)| \right) (A^2 \cdot 2^j \cdot U \cdot (2T+1))$$

$$\leqq \frac{C_2}{T^2} \left(\sum_{u=0}^{\infty} |u| \cdot |C_2(u)| \right) \cdot 2^j \cdot U \tag{3.39}$$

となり，これより

$$J_2 \leqq C \cdot 2^j \cdot U \cdot T^{-2} \tag{3.40}$$

を得る．(3.40)，(3.36)，(3.35)から

$$\mathrm{Var}(\hat{\beta}^U_{j,k}) = \frac{2\pi}{T} f_{ee}(0) \int_{-U}^{U} (\psi_{j,k}(x))^2 dx + O(2^j \cdot U \cdot T^{-2}) \tag{3.41}$$

がしたがう．ここで，(3.41)における誤差項は j, k, U について一様である． □

定理 **3.2**　条件A1〜A3を仮定する．$m \geqq 2$ に対して，(6.8)によって定義されたキュムラントについて次の不等式が成立する．

$$|\mathrm{Cum}\{\hat{\beta}^U_{j_1,k_1}, \cdots, \hat{\beta}^U_{j_m,k_m}\}| \leqq A^m \cdot K_m \cdot 2^{(j_1+\cdots+j_m)\left(\frac{1}{2}-\frac{1}{m}\right)} \cdot U^{\frac{m}{2}-1} \cdot T^{-m+1} \tag{3.42}$$

ここで，A は $\{j_l, k_l\}$, m, U に無関係な定数である．$\hat{\alpha}^U_{j,k}$ についても同様の結果が成立する．

証明　$a_l = (j_l, k_l)$ とおく．このときキュムラントの性質（6.6節を参照）から

$$\begin{aligned}&\mathrm{Cum}\{\hat{\beta}^U_{j_1,k_1}, \cdots, \hat{\beta}^U_{j_m,k_m}\}\\ &= \frac{1}{T^m} \sum_{u_1=-2T}^{2T} \cdots \sum_{u_{m-1}=-2T}^{2T} \sum_t \psi^U_{a_1}\left(\frac{t+u_1}{T}\right) \cdots \psi^U_{a_{m-1}}\left(\frac{t+u_{m-1}}{T}\right) \psi^U_{a_m}\left(\frac{t}{T}\right)\\ &\quad \cdot C_m(u_1, u_2, \cdots, u_{m-1})\end{aligned} \tag{3.43}$$

と書ける．ここで，t は $m=2$ の場合に(3.25)で考えられたものと同様な一定の領域内を動くものとする．

ヘルダーの不等式を用いると，(3.43)における最後の和は

$$\begin{aligned}&\left|\sum_t \psi^U_{a_1}\left(\frac{t+u_1}{T}\right) \cdots \psi^U_{a_{m-1}}\left(\frac{t+u_{m-1}}{T}\right) \psi^U_{a_m}\left(\frac{t}{T}\right)\right|\\ &\leqq \left(\sum_t \left|\psi^U_{a_1}\left(\frac{t+u_1}{T}\right)\right|^m\right)^{1/m} \cdots \left(\sum_t \left|\psi^U_{a_{m-1}}\left(\frac{t+u_{m-1}}{T}\right)\right|^m\right)^{1/m} \left(\sum_t \left|\psi^U_{a_m}\left(\frac{t}{T}\right)\right|^m\right)^{1/m}\end{aligned} \tag{3.44}$$

と評価される．さらに(3.44)の各項について

$$\left(\sum_t \left|\psi^U_{a_l}\left(\frac{t+u_l}{T}\right)\right|^m\right)^{1/m} = \left(\sum_{t \in B_l} \left|2^{j_l/2} \cdot U^{1/2} \cdot \psi\left(2^{j_l} \cdot U \cdot \frac{t+u_l}{T} - k_l\right)\right|^m\right)^{1/m} \tag{3.45}$$

が成り立つ．ここで(3.45)における B_l は

$$T \cdot k_l \cdot 2^{-j_l} \cdot U^{-1} - u_1 \leqq t \leqq (2N-1+k_l) \cdot T \cdot 2^{-j_l} \cdot U^{-1} - u_l$$

を満たす t の領域である（$\psi(t)$ は $[0, 2N-1]$ 内にその台を持つことに注意）．したがって

$$(3.45) \leqq [2^{mj_l/2} \cdot U^{m/2} \cdot (\sup|\psi|)^m \cdot (2N \cdot T \cdot U^{-1} \cdot 2^{-j_l})]^{1/m}$$
$$= 2^{1/m} \cdot T^{1/m} \cdot U^{(1/2)-(1/m)} \cdot (\sup|\psi|) \cdot 2^{(j_l/2)-(j_l/m)} \cdot N^{1/m})$$
$$(3.44) \leqq \prod_{l=1}^{m} \left(\sum_{t \in B_l} \left| \psi_{a_l}^U \left(\frac{t+u_l}{T} \right) \right|^m \right)^{1/m}, \quad (u_m = 0) \tag{3.46}$$

である．(3.46)を(3.43)に代入することにより

$$|\mathrm{Cum}\{\hat{\beta}_{a_1}^U, \cdots, \hat{\beta}_{a_m}^U\}|$$
$$\leqq A^m \cdot T^{1-m} \cdot U^{(m/2)-1} \cdot 2^{((1/2)-(1/m))\sum_{l=1}^{m} j_l} \sum_{u_1} \cdots \sum_{u_{m-1}} |\mathrm{Cum}(u_1, \cdots, u_{m-1})|$$
$$= A^m \cdot T^{1-m} \cdot U^{(m/2)-1} \cdot K_m \cdot 2^{((1/2)-(1/m))(j_1+j_2+\cdots+j_m)}$$

を得る．ここで条件 A 3 より $K_m < \infty$ であることに注意しよう．　□

次に $\hat{\alpha}_{j,k}^U$ および $\hat{\beta}_{j,k}^U$ の漸近正規性について述べよう．次の事実はキュミュラントの手法を用いて漸近正規性を示す際に重要な役割を果たすものである(Brillinger (1981)，p. 403，Lemma P 4.5 を参照)．

$\boldsymbol{Y}^{(T)} = (y_1^{(T)}, \cdots, y_r^{(T)})$, $T = 1, 2, \cdots$ は複素成分を持つ r 次元ベクトル値確率変数で $\{y_1^{(T)}, \bar{y}_1^{(T)}, \cdots, y_r^{(T)}, \bar{y}_r^{(T)}\}$ のすべてのキュミュラントが存在し，それらは $T \to \infty$ のとき確率変数 $\{y_1, \bar{y}_1, \cdots, y_r, \bar{y}_r\}$ の対応するキュミュラントに収束しているとする．さらに $\{y_1, \bar{y}_1, \cdots, y_r, \bar{y}_r\}$ の分布はそのモーメントにより決定されるものとする．このとき，$\boldsymbol{Y}^{(T)}$ は $T \to \infty$ のとき $y_1, y_2, \cdots, y_r$ を成分に持つ確率変数 $\boldsymbol{Y}$ に分布収束する．

この事実を用いると次の定理が容易に導かれる．

定理 3.3　条件 A 1〜A 3 を仮定する．もし $T \to \infty$ のとき $U/T \to 0$, $U \geqq \varepsilon > 0$ となるならば，$\hat{\alpha}^U, \hat{\beta}^U$ の集まりは $T \to \infty$ のとき，定理 3.1 で示された 1 次および 2 次モーメントを持つ正規分布に漸近的にしたがう．

証明　定理 3.2 によって，$U/T \to 0$, $U > 0$, $T \to \infty$ のとき，$\hat{\beta}^U$ の有限個の集まりのキュミュラントは $m > 2$ のとき 0 に収束する．これより $\hat{\beta}^U$ の漸近正規性がわかる (6.6 節を参照)．特に 1 次元の場合は

$$\hat{\beta}_{j,k}^U \sim N\left(\beta_{j,k}^U, \frac{2\pi f_{ee}(0)}{T} \int_{-U}^{U} (\psi_{j,k}(x))^2 dx \right) \tag{3.47}$$

である．　□

2.　$h(x)$ の一致推定量

定理3.1～3.3より，$h(x)$ の推定量 $\hat{h}(x)=\hat{h}_T(x)$ は，L^2 において $h(x)$ の一致推定量となり，平均 $h(x)$ を持つ正規分布に漸近的にしたがうことが導かれる．次の定理はその詳細な内容である．

定理 3.4　条件A1～A3を仮定する．$h(\cdot)\in V_J$ のとき，ほとんどすべての x, $y\in[-1,1]$ に対して

（1）　$$E[\hat{h}(x)]=\sum_k \alpha_{J,k}^U \varphi_{J,k}^U(x)+O(2^J U T^{-1}) \tag{3.48}$$

（2）　$$\begin{aligned}&\mathrm{Cov}\{\hat{h}(x),\hat{h}(y)\}\\&=\frac{2\pi f_{ee}(0)}{T}\sum_{k_1}\sum_{k_2}\left(\int_{-U}^{U}\varphi_{J,k_1}^U(z)\varphi_{J,k_2}^U(z)dz\right)\varphi_{J,k_1}^U(x)\varphi_{J,k_2}^U(y)+O(2^{2J}U^2T^{-2})\end{aligned} \tag{3.49}$$

が成立する．もし $T\to\infty$ のとき $U\to\infty$, $U/\sqrt{T}\to 0$ となるならば

$$\mathrm{Cov}\{\hat{h}(x),\hat{h}(y)\}\approx\frac{2\pi f_{ee}(0)}{T}\sum_k \varphi_{J,k}^U(x)\varphi_{J,k}^U(y) \tag{3.50}$$

となる．特に

$$\mathrm{Var}(\hat{h}(x))\approx\frac{2\pi f_{ee}(0)}{T}\sum_k(\varphi_{J,k}^U(x))^2 \tag{3.51}$$

である．

証明

（1）　$$\begin{aligned}E[\hat{h}(x)]&=\sum_k(E\{\hat{\alpha}_{J,k}^U\})\varphi_{J,k}^U(x)\\&=\sum_k(\alpha_{J,k}^U+O(2^{J/2}\cdot U^{1/2}\cdot T^{-1}))\varphi_{J,k}^U(x)\\&=\sum_k\alpha_{J,k}^U\varphi_{J,k}^U(x)+\left(\sum_k\varphi_{J,k}^U(x)\right)C\cdot 2^{J/2}\cdot U^{1/2}\cdot T^{-1}\\&=\sum_k\alpha_{J,k}^U\varphi_{J,k}^U(x)+O(2^J\cdot U\cdot T^{-1})\end{aligned} \tag{3.52}$$

（2）　$$\begin{aligned}&\mathrm{Cov}\{\hat{h}(x),\hat{h}(y)\}\\&=\mathrm{Cov}\left(\sum_k\hat{\alpha}_{J,k}^U\varphi_{J,k}^U(x),\sum_l\hat{\alpha}_{J,l}^U\varphi_{J,l}^U(y)\right)\\&=\sum_k\sum_l E(\hat{\alpha}_{J,k}^U\hat{\alpha}_{J,l}^U)\varphi_{J,k}^U(x)\varphi_{J,l}^U(y)\\&\quad-\left(\sum_k(E(\hat{\alpha}_{J,k}^U)\varphi_{J,k}^U(x))\right)\left(\sum_l(E(\hat{\alpha}_{J,l}^U)\varphi_{J,l}^U(y))\right)\end{aligned}$$

$$=\sum_k\sum_l[E(\hat{a}^U_{J,k}\hat{a}^U_{J,l}-(E\{\hat{a}^U_{J,k}\})(E\{\hat{a}^U_{J,l}\}))]\varphi^U_{J,k}(x)\varphi^U_{J,l}(y)$$

$$=\sum_k\sum_l \mathrm{Cov}(\hat{a}^U_{J,k},\ \hat{a}^U_{J,l})\cdot\varphi^U_{J,k}(x)\cdot\varphi^U_{J,l}(y)$$

$$=\sum_k\sum_l\left(\frac{2\pi f_{ee}(0)}{T}\int_{-U}^{U}\varphi_{J,k}(u)\cdot\varphi_{J,l}(u)du+O(2^JUT^{-2})\right)$$

$$=\frac{2\pi f_{ee}(0)}{T}\sum_k\sum_l\left(\int_{-U}^{U}\varphi_{J,k}(u)\cdot\varphi_{J,l}(u)du\right)\varphi^U_{J,k}(x)\cdot\varphi^U_{J,l}(y)+O(2^{2J}U^2T^{-2})$$

(3.53)

ここで(3.53)は，仮定から φ の台が有界であることを用いている．いま $T\to\infty$ のとき $U\to\infty$, $U/\sqrt{T}\to 0$ とすると，$\varphi_{J,k}$ の正規直交性によって

$$\sum_k\sum_l\left(\int_{-U}^{U}\varphi_{J,k}(u)\cdot\varphi_{J,l}(u)du\right)\varphi^U_{J,k}(x)\cdot\varphi^U_{J,l}(y)$$

$$\sim\sum_k\left(\int_{\boldsymbol{R}}|\varphi_{J,k}(u)|^2du\right)\varphi^U_{J,k}(x)\cdot\varphi^U_{J,k}(y)$$

$$=\sum_k\varphi^U_{J,k}(x)\varphi^U_{J,k}(y) \tag{3.54}$$

となる．(3.54)を(3.53)に代入して

$$\mathrm{Cov}\{\hat{h}(x),\hat{h}(y)\}\approx\frac{2\pi f_{ee}(0)}{T}\sum_k\varphi^U_{J,k}(x)\varphi^U_{J,k}(y) \tag{3.55}$$

を得る．(3.51)は(3.50)から明らかである．　□

定理 3.5　A 1～A 3 の仮定のもとで

（1）　次数 m の結合（同時）キュムラントについて

$$\mathrm{Cum}\{\hat{h}(x_1),\cdots\hat{h}(x_m)\}=O(2^{(m-1)J}U^{m-1}T^{-m+1}) \tag{3.56}$$

（2）　$T\to\infty$ のとき $2^{(m-1)J}U^{m-1}T^{-(m-2)/2}\to 0$ であるとする．このとき

$$\sqrt{T}(\hat{h}(x_1),\cdots\hat{h}(x_m))$$

は定理 3.4 で示された 1 次および 2 次モーメントを持つ m 次元正規分布に漸近的にしたがう．

証明

（1）　$$g_J(x,y)=\sum_k\varphi^U_{J,k}(x)\varphi^U_{J,k}(y) \tag{3.57}$$

とおく．このとき

$$\mathrm{Cum}\{\hat{h}(x_1),\cdots\hat{h}(x_m)\}$$

$$=\frac{1}{T^m}\sum_{u_1=-2T}^{2T}\cdots\sum_{u_{m-1}=-2T}^{2T}\sum_t g_J\left(\frac{t+u_1}{T}, x_1\right)\cdots g_J\left(\frac{t+u_{m-1}}{T}, x_{m-1}\right)$$

$$\cdot g_J\left(\frac{t}{T}, x_m\right)\cdot C_m(u_1, u_2, \cdots u_{m-1})$$

と表される．定理 3.2 の証明と同様な方法によって次の不等式を示すことができる．

$$|\mathrm{Cum}\{\hat{h}(x_1), \cdots \hat{h}(x_m)\}|$$

$$\leqq \frac{C^m 2^{(m-1)J} U^{m-1}}{T^{m-1}}\sum_{u_1}\cdots\sum_{u_{m-1}}|C_m(u_1, \cdots, u_{m-1})|$$

$$\leqq C^m\cdot K_m\cdot 2^{(m-1)J}\cdot U^{m-1}\cdot T^{1-m}$$

これより(1)がしたがう．

（2）　$T\to\infty$ のとき，定理 3.4 によって

$m=1$ に対して，$E[\sqrt{T}(\hat{h}(x)-h(x))]=O(2^J\cdot U\cdot T^{-1/2})\to 0$,

$m=2$ に対して，$\mathrm{Cov}\{\sqrt{T}\hat{h}(x_1), \sqrt{T}\hat{h}(x_2)\}\to 2\pi f_{ee}(0)\sum_k \varphi^U_{J,k}(x_1)\cdot\varphi^U_{J,k}(x_2)$,

$m\geqq 3$ に対して，$\sqrt{T}\{\hat{h}(x_1), \cdots, \hat{h}(x_m)\}$ のキュミュラントは

$$T^{m/2}O(2^{(m-1)J}U^{m-1}\cdot T^{-m+1})=O(2^{(m-1)J}U^{m-1}T^{-(m-2)/2})\to 0$$

である．したがって(2)の結論が成り立つ．　□

3.4　強一致推定量

前節において，$\hat{\alpha}, \hat{\beta}$ はそれぞれ α および β の一致推定量であり，$\hat{h}(x)$ は L^2 の意味で $h(x)$ の一致推定量であることが示された．本節では数学的に緩い条件のもとでこれらの推定量が概収束の意味でも収束すること，つまり強一致性を持つことが示される．

定理 3.6　条件 A 1～A 3 を仮定する．さらに $K_3, K_4\neq 0$ で，十分大きな T に対して $U<T$ とする．このとき，$\hat{\alpha}^U, \hat{\beta}^U$ はそれぞれ α^U および β^U の強一致推定量となる．

証明　一般に確率変数 x に対して，その k 次モーメントを

$$m_k=E\{x^k\}\quad(k=0, 1, 2, \cdots)$$

と定める．さらに $\mathrm{Cum}\{x_1, x_2, \cdots, x_k\}$ $(x_i\equiv x, i=1, \cdots, k)$ を C_k で表す．このと

きキュミュラントとモーメントの関係より（Shiryayev（1984）を参照）

$$
\begin{aligned}
m_1 &= C_1 \\
m_2 &= C_2 + C_1^2 \\
m_3 &= C_3 + 3C_1C_2 + C_1^3 \\
m_4 &= C_4 + 3C_2^2 + 4C_1C_3 + 6C_1^2C_2 + C_1^4
\end{aligned}
$$

であるから

$$
\begin{aligned}
E(x - E\{x\})^4 &= m_4 - 4m_3m_1 + 6m_2(m_1)^2 - 3(m_1)^4 \\
&= C_4 + 3C_2^2 \qquad (3.58)
\end{aligned}
$$

と表される．$\varepsilon > 0,\ a = (j, k)$ としたとき，チェビシェフの不等式から

$$
P\{|\hat{\beta}_a^U - E\{\hat{\beta}_a^U\}| \geqq \varepsilon\} \leqq \frac{E(\hat{\beta}_a^U - E\{\hat{\beta}_a^U\})^4}{\varepsilon^4} \qquad (3.59)
$$

が成り立つ．(3.58) において $x = \hat{\beta}_a^U$ とすると（定理 3.1，3.2 を参照）

$$
\begin{aligned}
E(\hat{\beta}_a^U - E\{\hat{\beta}_a^U\})^4 &= O(T^{-3} \cdot U \cdot 2^j) + O((T^{-1})^2) \\
&= O(2^j T^{-2}) \leqq C \cdot 2^j \frac{1}{T^2} \qquad (3.60)
\end{aligned}
$$

を得る．これより

$$
\sum_{T \geqq 1} P\{|\hat{\beta}_a^U - E\{\hat{\beta}_a^U\}| \geqq \varepsilon\} \leqq C\left(\sum_{T \geqq 1} \frac{1}{\varepsilon^4 T^2}\right) 2^j < \infty \qquad (3.61)
$$

である．したがって，ボレル-カンテリの定理および定理 3.1 によって $\hat{\beta}_a^U$ は強一致推定量であることがわかる．$\hat{\alpha}^U$ についても同様である． □

3.5 応 用 例

実際の応用にあたっては，傾向成分 $h(x)$ の推定量として

$$
\hat{h}(x) = \sum_k \hat{\alpha}_{J,k} \varphi_{J,k}(x) \qquad (3.62)
$$

を用いることがすでに提案された（3.2 節を参照）．(3.62) は別の，より計算しやすい形に表すことができる．実際，(3.10) で表された $\hat{\alpha}_{J,k}$ を (3.62) に代入すると

$$
\begin{aligned}
\hat{h}(x) &= \sum_k \left(\frac{1}{T} \sum_{u=-T}^{T} \varphi_{J,k}\left(\frac{u}{T}\right) y(u) \right) \varphi_{J,k}(x) \\
&= \frac{2^J}{T} \sum_{u=-T}^{T} y(u) \left(\sum_k \varphi(2^J x - k) \varphi\left(2^J \frac{u}{T} - k\right) \right) \qquad (3.63)
\end{aligned}
$$

となる．

$$g(x, u)=\frac{2^J}{T}\sum_k \varphi(2^J x-k)\varphi\left(2^J\frac{u}{T}-k\right) \tag{3.64}$$

とおけば，$\hat{h}(x)$ を次のように書き直すことができる．

$$\hat{h}(x)=\sum_{u=-T}^{T} g(x, u)y(u). \tag{3.65}$$

(3.65)は，推定量 $\hat{h}(x)$ が本質的には，x を‘時間’とみなしたとき，時間とともに変わるフィルターによる $y(\cdot)$ の出力であることを示している．またそのフィルターの重み係数，あるいは工学用語ではインパルス応答関数はスケーリング関数 $\varphi(x)$ によって定められていることがわかる（(3.64)参照)．

以上のことから傾向成分 $s(t)$ を次式で推定することができる．

$$\hat{s}(t)=\hat{h}\left(\frac{t}{T}\right)=\sum_{u=-T}^{T} w(t, u)y(u) \tag{3.66}$$

ここに

$$w(t, u)=\frac{2^J}{T}\sum_k \varphi\left(2^J\frac{t}{T}-k\right)\varphi\left(2^J\frac{u}{T}-k\right) \tag{3.67}$$

である．いま $2^J\leqq T$ とし，$D=2^{-J}\cdot T$ は正の整数（例えば $D=1$）であるとする．

$$\theta(s)=\varphi\left(\frac{s}{D}\right) \tag{3.68}$$

とおけば

$$\begin{aligned} w(t, u)&=\frac{1}{D}\sum_k \varphi\left(\frac{1}{D}(t-Dk)\right)\varphi\left(\frac{1}{D}(u-Dk)\right) \\ &=\frac{1}{D}\sum_k \theta(t-Dk)\theta(u-Dk) \\ &=\frac{1}{D}\sum_l \theta(l)\theta(l+(u-t)) \quad (t-Dk=l) \\ &\triangleq w(t-u) \end{aligned} \tag{3.69}$$

これより傾向成分 $s(t)$ はフィルターの出力

$$\hat{s}(t)=\sum_{u=-T}^{T} w(t-u)y(u) \tag{3.70}$$

として推定されることがわかる．そのインパルス応答関数は

$$w(x)=\frac{1}{D}\sum_l \theta(l)\theta(l-x) \tag{3.71}$$

である．

ここで，図 3-1 で示す為替相場の実際の記録（米ドル対香港ドル；1989 年 8 月 1 日から 1991 年 7 月 31 日）について，その傾向成分を検出してみよう．スケーリング関数 $\varphi(x)$ として，Daubechies（1992）によって提案されたもので $[0, 2N-1]$ $(N=7)$ 内にその台を持つものを選ぶ（1 章を参照）．$J=6$, $T=512$ を用いたとき，ウエーブレットによる傾向成分を図示すると図 3-2，3-3 のようになる．

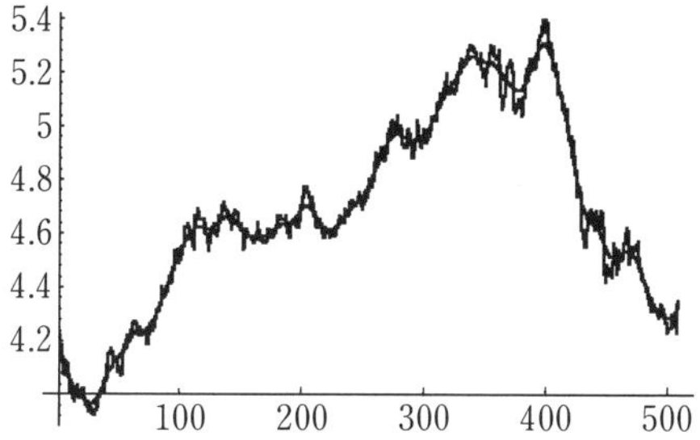

図 3-2 傾向成分(トレンド-コンポーネント)と元の為替相場データ

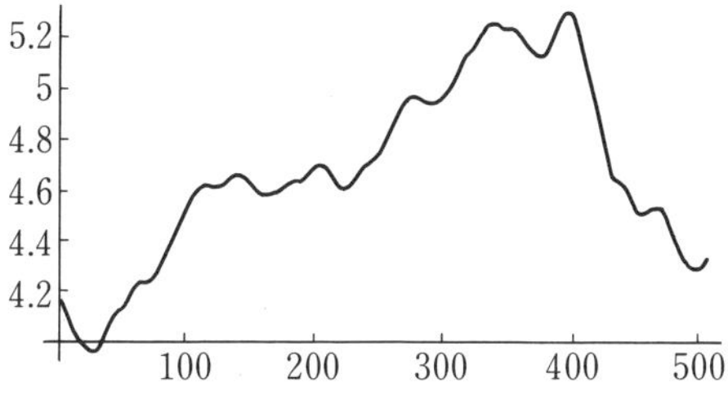

図 3-3 ウエーブレットにより検出された傾向成分

これらの図から，ウエーブレットによって検出された傾向成分は実データを実によく追跡していることがわかる．時系列データの多くの統計的モデリングにおいて，研究者たちは通常，元の観測値 $\{x(t)\}$ をいくつかの成分に分解することを考える．例えば，X-11（Xie（1993）を参照）では次のような分解を考える．

$$x(t)=T(t)+S(t)+I(t)$$

ここで，$T(t)$ は傾向成分を示し，$S(t)$，$I(t)$ はそれぞれ季節成分および不規則成分を示す．したがって，本章で述べた手法は時系列データのモデリングに対してきわめて有益であることがわかる．

3.6　回帰関数の非線形推定量

前節までは回帰関数の推定量としては（観測値 $y(t), t=0, \pm 1, \cdots, \pm T$, に関して）線形であるものを考えたが，本節では Donoho and Johnstone（1994, 1995），Donoho et al.（1995, 1997）などで展開された，回帰関数の縮小型非線形推定量について簡単に触れておこう．詳しくはこれらの文献を参照されたい．

観測モデルは

$$y(t)=h(x_t)+e_t, \quad x_t=\frac{t}{T}, \quad t=1, 2, \cdots, T(=2^J)$$

$$(e_t \text{ は i.i.d. } N(0, \sigma^2))$$

で，未知の回帰関数 $h(x)(x\in[0, 1])$ を推定する問題を考える（3.2 節を参照）．いま十分大なる J に対して $h(\cdot)\in V_J$ であるとする．このとき，$h(x)$ は $l\leqq J-1$ として

$$h(x)=\sum_k \alpha_{l,k}\varphi_{l,k}(x)+\sum_{j=l}^{J-1}\sum_k \beta_{j,k}\psi_{j,k}(x)$$

と表される（(3.5′)を参照）．観測値 $\{y(t), t=1, 2, \cdots, T\}$ に基づく経験ウエーブレット係数を

$$\tilde{\alpha}_{l,k}=\frac{1}{T}\sum_{t=1}^{T}\varphi_{l,k}\left(\frac{t}{T}\right)y(t), \quad \tilde{\beta}_{j,k}=\frac{1}{T}\sum_{t=1}^{T}\psi_{j,k}\left(\frac{t}{T}\right)y(t)$$

あるいは

$$\tilde{\alpha}_{l,k}=\int_0^1 \tilde{h}(x)\varphi_{l,k}(x)dx, \quad \tilde{\beta}_{j,k}=\int_0^1 \tilde{h}(x)\psi_{j,k}(x)dx$$

とする．ここに

$$\tilde{h}(x)=\begin{cases} y(t), & \dfrac{t-1}{T}\leqq x<\dfrac{t}{T} \quad (t=1, \cdots, T) \text{ のとき} \\ 0, & x=1 \text{ のとき} \end{cases}$$

である．これらの経験ウエーブレット係数を用いることにより，$h(x)$ の推定量として，まず

$$\hat{h}(x)=\sum_k \tilde{\alpha}_{l,k}\varphi_{l,k}(x)+\sum_{j=l}^{J-1}\sum_k \tilde{\beta}_{j,k}\psi_{j,k}(x) \tag{3.72}$$

が考えられる．しかしながら Donoho らは $\tilde{\beta}_{j,k}$ の値の絶対値が一定の規準値より小さいときはその係数を 0 におきかえ（つまりその項を(3.72)の右辺第 2 項の和に取り込まない），さらにその規準値を越えるものについては同じ値か，もしくはそれを原点方向に縮小した値を係数として用いることにより $\hat{h}(x)$ を改良できることを示した．彼らは 2 種類の閾値関数を提案した．1 つは硬閾値関数 (hard thresholding function) と呼ばれるもので

$$\delta_\lambda^H(x)=\begin{cases} x, & |x|>\lambda \text{ のとき} \\ 0, & |x|\leqq\lambda \text{ のとき} \end{cases}$$

で与えられ，他のものは軟閾値関数（soft thresholding function）と呼ばれ

$$\delta_\lambda^S(x)=\begin{cases} x-\lambda, & x>\lambda \text{ のとき} \\ 0, & |x|\leqq\lambda \text{ のとき} \\ x+\lambda, & x<-\lambda \text{ のとき} \end{cases}$$

で与えられるものである．これらの閾値関数を用いて $h(x)$ の推定量

$$\hat{h}^*(x)=\sum_k \tilde{\alpha}_{l,k}\varphi_{l,k}(x)+\sum_{j=l}^{J-1}\sum_k \beta_{j,k}^*\psi_{j,k}(x) \tag{3.73}$$

を構成することができる．ここに

$$\beta_{j,k}^*=\frac{\hat{\sigma}}{\sqrt{T}}\delta_{\lambda_T}\left(\frac{\sqrt{T}\tilde{\beta}_{j,k}}{\hat{\sigma}}\right)$$

で，δ_λ は δ_λ^H または δ_λ^S を表し，$\hat{\sigma}$ は σ の推定量，λ_T は適当に選ばれた閾値を表す．閾値 λ の選び方は問題であるが，ミニマクス L^2-リスクの規準によって選ばれる閾値 λ_T の値が Donoho and Johnstone（1994）で与えられている．$\hat{\sigma}$ の選択に関しては，Donoho and Johnstone（1995）において経験ウエーブレット係数の絶対偏差の中央値（×(1/0.6745)）が σ の推定量として提案されている．(3.73)で与えられる推定量 $\hat{h}^*(x)$ が漸近的にミニマクスとなることなど，決定理論の立場から $\hat{h}^*(x)$ のよさが Donoho らの論文で議論されている．興味のある読者はこれらの文献（特に Donoho et al.（1997）は数学的に詳しい）を見られたい．

第4章 ウエーブレットの手法による跳躍点の検出

4.1 はじめに

跳躍点（jump point）の推定は現代の統計理論における重要な研究課題の1つとなっている．参考文献として，例えば Wu and Chu（1993），Yin（1988），Wang（1995, 1999），Luan and Xie（1995），Wong et al.（1997 a, b）などがある．跳躍点の推定問題は，信号処理，生理学，地球科学，経済学，ファイナンス等々といった広範な分野で現れる．なかでも株価や為替相場のような金融データにおいて，日常的な変動から‘衝撃’を識別することは特に興味のある問題である．通常は直感的な解析では‘衝撃’と日常変動の区別をほとんど指摘することができない．図4-1は1989年8月1日から1991年7月31日の期間にわたる，米ドル(USD)の独マルク(DM)に対する為替相場の変動を示している．このグラフを見ただけでは跳躍点を指摘することは困難である．

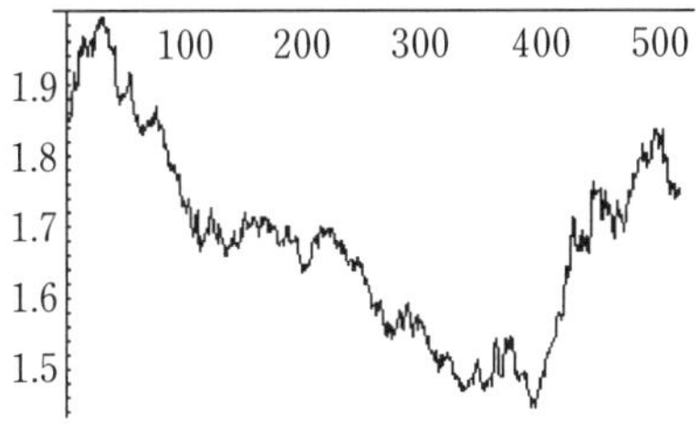

図4-1 米ドル(USD)対独マルク(DM)の為替相場の変動
(1989年8月1日〜1991年7月31日)

このデータについて実は強力な政治的あるいは経済的影響力による重要な跳躍が存在することが後で示される．

Nason（1995）は普遍閾値法（universal thresholding method），グローバルシュア閾値法（GlobalSure thresholding method），交差確認法（cross-validation method）によってオーストラリア対米ドル為替相場のシミュレーシ

ョンデータについて跳躍点の検出を議論している．Wang（1995）は無相関なノイズを持つ場合における跳躍点の検出手順の1つを提案した．彼の手法はある程度の成功を収めている．例えばアメリカ合衆国における1953年から1991年にわたる月毎の株式市場の収益データに対して2つの跳躍点を確認している．それらは1974年10月と1987年10月で，前者は1974年における景気後退によるもので，後者は1987年のニューヨークの株式市場の急落によるものである．しかし残念ながら彼の手法では1989年から1991年の間における湾岸危機の重大な影響を検出することができなかった．彼の理論は無相関なホワイトノイズにしたがうという仮定に基づいているが，実際の金融データにおけるイノヴェーション系列は通常ホワイトノイズではなく相関を持った構造を有していると考えられる．このことがおそらくWangの手法を現実に適用するときの限界となるであろう．Ogden and Parzen（1996）は変化点問題をノンパラメトリック回帰問題におきかえたが，彼らの出発点は独立な観測値の集まりであり，またガウス分布の性質が用いられている．Johnstone and Silverman（1997）で指摘されているように，相関を有するノイズを持つ場合はこれまで詳しくは調べられていない．Johnstone and Silverman（1997）およびJohnstone（1999）において，彼らは相関を持ったノイズを伴ったデータに対してウエーブレット閾値推定を考察している．彼らは短い範囲での従属性および長い範囲での従属性を持ったノイズの場合をそれぞれ議論しており，いくつかの興味ある例を示している．しかしながら相関を持つノイズを扱う際の彼らの理論的な枠組みは依然としてガウス分布の仮定を必要としている．同様に，間接的に得られるデータに基づいた変化点検出を扱っている最近の論文（Wang（1999））においては非整数ガウスノイズモデル（fractional Gaussian noise model）が仮定されている．

次節ではまずこれまでの文献に現れた跳躍点検出に関するいくつかの理論と手法，並びにそれらの為替相場データへの応用例が述べられる．続いてウエーブレットによる跳躍点検出の新しい結果が述べられる．

ウエーブレットが統計学の分野に導入されたのは，比較的最近である（Antoniadis and Oppenheim（1995）を参照）．ウエーブレット解析は統計的解析にとって新しい，しかも潜在的に強力な数学的道具を提供すると考えられる．

4.2　跳躍点検出のためのいくつかの統計的手法

過去10数年間に，幾人かの研究者たちがノイズを伴っている場合における不連続関数に対する跳躍点の検出法を数多く提案している．

1.　Yin の方法

Yin（1988）はノイズの存在のもとで回帰関数の跳躍の個数，位置およびその大きさの検出方法を提案した．彼の主な結果は次のとおりである．

$$x(t)=f(t)+w(t),\quad 0\leqq t\leqq 1 \tag{4.1}$$

を観測過程とし，回帰関数 $f(t)$ は q 個の不連続点

$$f(t_i+0)\neq f(t_i-0),\quad i=1,2,\cdots,q \tag{4.2}$$

を持つとする．ここで，$f(t_i+0), f(t_i-0)$ はそれぞれ t_i における $f(t)$ の右極限値および左極限値を表す．Yin は $w(t)$ がガウスホワイトノイズにしたがうと仮定している．

いま，$\{x_k=x(k/n):k=0,1,\cdots,n\}$ を $x(t)$ の実現標本とし，$\{m(n)\}_n$ を

$$m=m(n)\to\infty,\quad (m/n)\to 0\quad (n\to\infty) \tag{4.3}$$

を満たす整数列とする．例えば

$$m=\log n\cdot(\log_2 n)^{2/3}\cdot(\log_3 n)^{1/3} \tag{4.4}$$

ここに

$$\log_1 n=\max(1,\log n),$$
$$\log_{k+1} n=\log_1(\log_k n),\quad k=1,2,\cdots \tag{4.5}$$

はそのような例である．

$$h_n=(\log_3 n/\log_2 n)^{1/3} \tag{4.6}$$

とおくと，明らかに $h_n>0, h_n\to 0\,(n\to\infty)$ である．さらに

（1）　$$d_n(k)=\frac{x_{k+1}+\cdots+x_{k+m}}{m}-\frac{x_{k-1}+\cdots+x_{k-m}}{m},\quad m\leqq k\leqq n-m \tag{4.7}$$

（2）　$$I_1=\arg\left(\max_k\left\{|d_n(k)|-\frac{k}{n}h_n\right\}\right),$$

$$I_2=\arg\left(\max_k\left\{|d_n(k)|-\frac{k}{n}h_n\,;\,|k-I_1|>4m\right\}\right),$$

$$I_3=\arg\left(\max_k\left\{|d_n(k)|-\frac{k}{n}h_n\,;|k-I_1|>4m, |k-I_2|>4m\right\}\right), \tag{4.8}$$

等々とおく（‘arg(＊)’は(＊)を達成する k の値を意味)．このとき Yin は次の定理を得た．

定理 4.1　モデル(4.1)の仮定，および記号(4.3)〜(4.8)のもとで，十分大なる n に対しての次の結果が成立する．

（a）　$$\left|\frac{I_k}{n}-t_k\right|\leqq\frac{2m}{n},\quad \text{a.s.},\ k=1,2,\cdots,q \tag{4.9}$$

（b）　$$d_n(I_k)\to d_k=f(t_k+0)-f(t_k-0),\quad \text{a.s.},\ k=1,2,\cdots,q \tag{4.10}$$

さらに，$\{C_n\}$ を実数例で

$$C_n>0,\quad C_n\to 0\quad かつ\quad h_n/C_n\to 0\quad (n\to\infty) \tag{4.11}$$

を満たすものとする．例えば

$$C_n=(\log_2 n)^{-1/4} \tag{4.12}$$

は(4.11)を満たしている（実際，このとき $h_n/C_n=(\log_3 n)^{1/3}/(\log_2 n)^{1/12}\to 0$ $(n\to\infty)$ となる)．

このとき

$$G_{n,k}=\frac{1}{2^{k+1}}|d_n(I_{k+1})|+\frac{1}{2^{k+2}}|d_n(I_{k+2})|+\cdots+kC_n, \tag{4.13}$$

$$\hat{q}_n=\arg(\min_k G_{n,k}) \tag{4.14}$$

とおくと

$$\hat{q}\to q,\quad \text{a.s.}\quad (n\to\infty) \tag{4.15}$$

が成り立つ．

ここで，図 4-1 で示された為替相場のデータについて，その跳躍点を検出するため Yin の方法を適用してみると次のようになる．

$$n=512,\quad m=10,\quad \log_k n\equiv 1\quad (k\geqq 3)$$

$$h_n=\left(\frac{\log_3 n}{\log_2 n}\right)^{1/3}=0.6913,$$

$$C_n=(\log_2 n)^{-1/4}=0.8597,$$

$$d_n(\hat{t}_1)=0.80,\qquad \hat{t}_1=\frac{418}{512},$$

$$d_n(\hat{t}_2)=-0.60,\quad \hat{t}_2=\frac{39}{512},$$

$$d_n(\hat{t}_3)=-0.43,\quad \hat{t}_3=\frac{83}{512},$$

$$d_n(\hat{t}_4)=-0.21,\quad \hat{t}_4=\frac{129}{512}.$$

これより

$$G_{n,1}=1.0766$$
$$G_{n,2}=1.7863$$
$$G_{n,3}=2.5922$$

となる．さらに，(4.14)によって

$$\hat{q}_n=\arg(\min_k G_{n,k})=1$$

を得る．したがって，Yin のアルゴリズムによって検出された跳躍点の位置は $\hat{t}_1=418/512$ であり，これは 1991 年 3 月 22 日～25 日頃に対応している．この跳躍点についての説明は最後の節でふたたび述べられるであろう．

2.　スコア検定による外れ値の解析

跳躍点の検出のための様々な統計的手法を比較するのは興味ある事柄である．ここで，時系列解析におけるスコア検定（score test）について紹介しよう．これは跳躍を系列における外れ値（outlier values）とみなすものである．以下に主な結果についてのみ述べる．詳しい理論および証明は Xie（1993）を参照されたい．

いま $x(t)$ は $AR(p)$ モデル

$$x(t)=\sum_{i=1}^{p}\phi_i x(t-i)+e(t) \tag{4.16}$$

にしたがうとする．このとき，AO および IO-介入モデルは混合モデル

$$\begin{cases} y(t)=x(t)+\beta\delta_{t,j} \\ \Phi(B)x(t)=e(t)+\alpha\delta_{t,j} \end{cases} \tag{4.17}$$

と考えられる（Xie（1993），pp. 261-266 を参照）．ここで

$$\Phi(z)=1-\phi_1 z-\phi_2 z^2-\cdots-\phi_p z^p\neq 0,\quad |z|\leqq 1 \tag{4.18}$$

とする．このとき，例えば $t=k$ での外れ値の検出は次のような仮説検定の手続きと同一視することができる．

$$H_0: \alpha=\beta=0$$

$$H_1:(\alpha\neq 0)\cup(\beta\neq 0). \tag{4.19}$$

定理 4.2　（スコア検定）介入モデル(4.16)，(4.17)を仮定する．ここで $e(t)$ は独立で同一分布 (i.i.d) $N(0,\sigma^2)$ にしたがい，$\{\phi_i\}, p, \sigma^2$ は既知のパラメータとする．このとき仮説 H_0 のもとで，$k>p$ に対してスコア統計量

$$SC_k=\frac{e^2(k)}{\sigma^2}+\frac{\left(\sum_{i=1}^{p}\phi_i e(k+i)\right)^2}{\sigma^2\sum_{i=1}^{p}\phi_i^2} \tag{4.20}$$

は自由度2のカイ2乗分布 $\chi^2(2)$ にしたがう．ここに

$$e(t)=\Phi(B)y(t),\quad t=k,k+1,\cdots,k+p \tag{4.21}$$

である．

いま，残差 $\varepsilon(t)$ の一部分を選び（図4-2を参照），それに $AR(p)$ モデルを当てはめる．

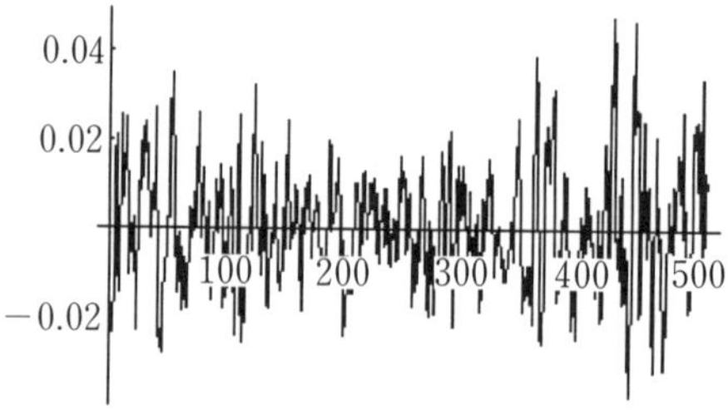

図4-2　傾向成分(トレンド)を除いた後の，米ドル対独マルクの為替相場の残差系列

レビンソンアルゴリズム（Levinson algorithm）による最大エントロピー規準，およびAICやBICによる次数選択規準のいずれによっても次数 $p=1$ が選ばれる．$AR(1)$ モデルはこのとき

$$x(t)=0.6478\,x(t-1)+0.01025\,e(t) \tag{4.22}$$

と表される．図4-3は検定水準 $\alpha=0.01$，棄却限界 $Q_{0.01}=9.210$（自由度2）のもとでの残差 $e(t)$ の外れ値の検出を示している．ここでは3つの外れ値が検出される．

これらは

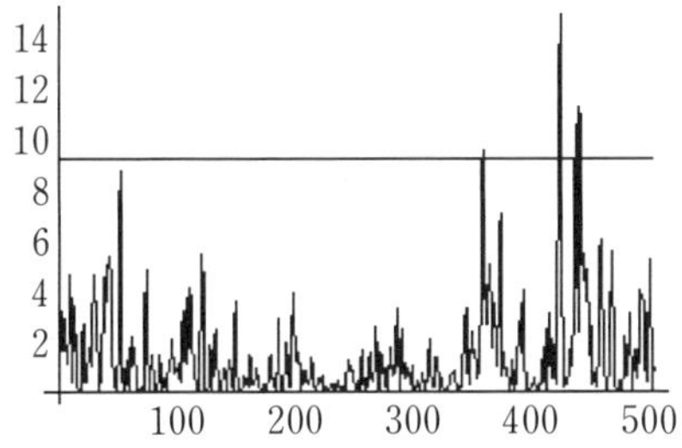

図 4-3　外れ値解析によって検出された跳躍点

1990 年 12 月 19 日～20 日（1.4775 から 1.5098 へ）
1991 年 3 月 22 日～25 日（1.6430 から 1.6860 へ）
1991 年 4 月 17 日～18 日（1.6650 から 1.7030 へ）

に対応している．これらの跳躍点の経済的背景は本章の最後の節において述べられるであろう．

3.　跳躍点の核型推定量(kernel-type estimator)

Wu and Chu（1993）は，跳躍点の個数とそれらの位置を検出するために次のような核型推定手法を提案した．

A.　モデル

$$Y_i = m(x_i) + \varepsilon_i, \quad i = 1, 2, 3, \cdots$$
$$m(x) = r(x) + \psi(x) \tag{4.23}$$

ここで，$r(x)$ は $x \in [0, 1]$ についてリプシッツ連続とし，

$$\psi(x) = \sum_{j=1} d_j \chi_{[t_j, 1]}(x), \quad t_j \in [\delta, 1-\delta], \quad \delta > 0, \quad j = 1, 2, \cdots, p, \tag{4.24}$$

$|d_j| > |d_{j+1}|, j = 1, 2, \cdots, p-1$ である．さらに，$\{\varepsilon_i\}$ は i.i.d. で平均 0，分散 $0 < \sigma^2 < \infty$ を持ち，$\{y_i\}$ は $x_i = 1/n$ に対する観測標本を表し，n は標本の大きさを表す．

B.　G-M 推定量と核関数

K を核関数としたとき，G-M 推定量（Gasser-Müller estimator）は

$$\hat{m}(x) = \sum_{i=1}^{n} y_i \int_{S_i-1}^{S_i} K_h(x-z)dz, \quad x \in (0, 1) \tag{4.25}$$

で与えられる．ここで

$$K_h(\cdot)=\frac{1}{h}K(\cdot/h),\ S_0=0,\ S_n=1,\ S_i=(x_i+x_{i+1})/2,\ i=1,2,\cdots,n-1 \quad (4.26)$$

である．Wu and Chu (1993) は跳躍の位置を推定し，跳躍点の個数を決定するために次の核関数を提案した．

$$K_2(x)=(0.4857+3.8560\,x+2.8262\,x^2-19.1631\,x^3+11.9952\,x^4)\cdot\chi_{[b,1]}(x)$$

ここに

$$\begin{aligned} b&=-0.2012\\ K_1(x)&=K_2(-x),\\ K_3(x)&=\chi_{[-1,0]}(x),\\ K_4(x)&=\chi_{[0,1]}(x) \end{aligned}$$

である．

C.　統計量

$$J(x)=\hat{m}_1(x)-\hat{m}_2(x) \quad (4.27)$$

$$S(x)=\hat{m}_3(x)-\hat{m}_4(x),\quad x\in[0,1] \quad (4.28)$$

とおき，$\hat{t}_j$ を集合 A_j 上での $|J(x)|$ の最大値を与える A_j の点とする．ここで

$$A_j=[\delta,1-\delta]-\bigcup_{k=1}^{j-1}[\hat{t}_k-2h,\ \hat{t}_k+2h]\triangleq\bigcup_{k=1}^{j}A_{j,k},\quad 1\leqq j. \quad (4.29)$$

である．$\hat{d}_j^*$ を A_j 上での $|S(x)|$ の最大値とする．ここで，パラメータ $h>0$ は帯域幅 (bandwidth) を表す．彼らは論文の中で異なる h の値に対して多くのシミュレーションの結果を与えている．Wu and Chu (1993) で与えられた条件のもとでこれらの推定量は一致推定量となることが示される．

D.　仮説検定

帰無仮説 H_0: $p=0$　対　対立仮説 H_1: $p>0$ を検定するために次の事実が用いられる．Wu and Chu (1993) における条件を仮定したとき，仮説 H_0 のもとで

$$P\{\hat{d}^*<\hat{a}_n+\hat{b}_n x\}\to\exp\{-2\exp(-x)\}\quad (n\to\infty) \quad (4.30)$$

が成立する．ここで

$$\begin{aligned} \hat{a}_n&=\left[(ng)^{-1}\cdot\hat{\sigma}^2\cdot C_\omega^2\int_{\boldsymbol{R}}(K_3-K_4)^2dx\right]^{1/2}[g_{ab}+g_{ab}^{-1}(\log(3(4\pi)^{-1/2}))],\\ \hat{b}_n&=\left[(ng)^{-1}\cdot\hat{\sigma}^2\cdot C_\omega^2\int_{\boldsymbol{R}}(K_3-K_4)^2dx\right]^{1/2}\cdot g_{ab}^{-1},\\ g_{ab}&=[2\log((b-a)/g)]^{1/2}, \end{aligned} \quad (4.31)$$

$\hat{d}^*$ は $[a, b](0<a<b<1)$ 上での $|S(x)|$ の値の上限を表し，$\hat{\sigma}^2$ は分散 σ^2 の推定量である．また

$$C_\omega=\left[\int_0^1 K_4 dx-\int_0^\omega K_3 dx\right]^{-1},\quad g=n^{-\alpha},\quad \alpha\in\left(\frac{1}{3}, 1-\frac{2}{l}\right) \tag{4.32}$$

である．さらに，ε_i は $l>3$ に対し l 次絶対モーメントが有限であると仮定する．

仮説検定問題 $H_0: p=j$ 対 $H_1: p>j, j\geqq 1$ を解くため，Wu and Chu (1993) は次の結果を導いた．$\{\hat{t}_j\}$ が $|J(x)|$ によって検出されているとしたとき，十分大なる n に対して

$$P\{\hat{d}^*_{p+1}<x\}\approx\prod_{k=1}^{p+1}\exp\{-2\exp[-(x-a_{n,p,k})/b_{n,p,k}]\} \tag{4.33}$$

である．ここで，$a_{n,p,k}$ および $b_{n,p,k}$ は区間 $[a, b]$ の端点 a, b を部分区間 $A_{p+1,k}$ の端点にそれぞれ置き換えたときの a_n, b_n の係数である．この結果は，跳躍点（それが存在するとして）の個数を逐次的に決定する際の漸近的な検定手法を与える．

E. 数値例

核関数 K_1, K_2, K_3, K_4 は Wu and Chu (1993) で推奨されたもの，すなわち(B)で与えられているもの，を採用しよう．帯域幅 h の様々な値についてシミュレーションを行うことにより，$h=0.066$ が最も望ましい結果を与えることがわかる．US/DM 為替相場に対する $|J(x)|$ のグラフが図 4-4 に描かれている．これより跳躍点を与える可能性のある値として

$$\hat{t}_1=\frac{420}{512},\quad \hat{t}_2=\frac{88}{512},\quad \hat{t}_3=\frac{40}{512}$$

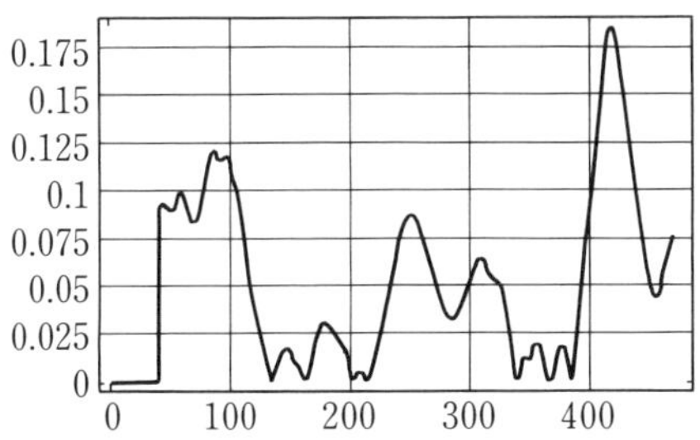

図 4-4 $n=512, h=0.066$ のときの $|J(x)|$ のグラフ

が見出される．それらに対応する A_j 上での $|S(x)|$ の最大値は，それぞれ

$$d_1^*=0.177,\quad d_2^*=0.120,\quad d_3^*=0.090$$

である．

ここで，まず最初に，跳躍点が実際にあるかどうかを決定しよう．このことは H_0: $p=0$　対　H_1: $p>0$ なる仮説検定問題を考えることを意味する．$g=n^{-0.5}(n=512)$ とおくと $C_0=C_\omega=1$, $b_n=0.001619$, $a_n=-0.0098$（ここで σ の推定値は残差データから推定して $\hat{\sigma}=0.0136$ となることを用いた）となり，水準 $\alpha=0.01$ の棄却限界は $\lambda_\alpha=0.01836$ である，すなわち $P\{d_1^*<\lambda_\alpha\}=1-\alpha_0$.

$[\delta, 1-\delta]$, $\delta=40/512$ 上における $|S(x)|$ の最大値は $d_1^*=0.177$ であり，これは λ_α よりも大である．したがって H_0 は棄却される．すなわち，少なくとも1つの跳躍点が存在し，$\hat{t}_1=420/512$ がそれに対応する値である．

次に1個より多くの跳躍点が存在するかどうかを決定するために仮説検定問題

$$H_0:\ p=1\quad 対\quad H_1:\ p>1$$

を考えよう．$\delta=40/512$ に対して

$$\begin{array}{l} a_{1,1}=0.078\,;\ b_{1,1}=0.688, \\ a_{1,2}=0.951\,;\ b_{1,2}=0.922 \end{array}\qquad (a_{n,p,k}=a_{p,k},\ b_{n,p,k}=b_{p,k}\ とおく)$$

を得る．棄却限界 λ_α は

$$\prod_{k=1}^{2}\exp\{-2\exp[-(x-a_{1,k})/b_{1,k}]\}=1-\alpha$$

を満たす x の値として定まる．$\alpha=0.10, 0.05, 0.01$ に対応する λ_α の値はそれぞれ $\lambda_\alpha=2.0051, 2.333, 3.077$ である．したがって，$d_2^*=0.120$ であったから，仮説 H_0 を棄却することはできなく，ただ1つの跳躍点

$$\hat{t}_1=\frac{420}{512}$$

を検出することができる．この値は1991年3月22〜25日の期間に対応している．またこの跳躍点はすでに述べた方法（本節1，2項）でも検出されている．

4.3　ウエーブレットによる跳躍点の検出

本節においてはウエーブレット解析による跳躍点の検出について説明する．次のようなモデルを仮定する．

$$x(t)=s(t)+n(t),\quad t\in \boldsymbol{R} \tag{4.34}$$

ここで $s(t)$ は信号を表し，それはいくつかの不連続点を持った $\boldsymbol{R}$ 上の確定的な実数値関数であり，$n(t)$ は平均 0 の定常ノイズとする．$s(t)$ と $n(t)$ は以下の定義 4.1 および 4.2 で述べられる条件を満たすと仮定する．

定義 4.1　実数値関数 $s(t), t\in \boldsymbol{R}$ が次の性質を持つとき，$s(t)$ は条件(A)を満たすという．

ｉ．$s(t)$ は p 個の跳躍点を持つ，すなわち $t_1<t_2<\cdots<t_p$ が存在して

$$s(t_k-0)\neq s(t_k+0),\quad k=1, 2, \cdots, p \tag{4.35}$$

ここに，$s(t_k-0), s(t_k+0)$ はそれぞれ $s(t)$ の t_k における左極限値および右極限値を表し，p は正の整数である．これらの跳躍点を除いては $s(t)$ は $\boldsymbol{R}$ 上で微分可能である．

ii．$s(t)$ の導関数は

$$\sup_{\substack{t\neq t_k\\ k=1,2\cdots,p}}\left(\left|\frac{ds(t)}{dt}\right|\right)=M<\infty \tag{4.36}$$

を満たす．

定義 4.2　ランダム関数 $n(t)$ が次の性質を持つとき，$n(t)$ は条件(B)を満たすという．

ｉ．$n(t)$ は平均 0 の実定常過程である．

ii．$n(t)$ のスペクトル密度関数 $f_{nn}(\lambda)$ は

$$\int_{\boldsymbol{R}}\lambda^2 f_{nn}(\lambda)d\lambda<\infty \tag{4.37}$$

を満たす．

iii．確率過程 $n(t)$ を 2 変数関数

$$n(t)=n(t, \omega),\quad t\in \boldsymbol{R}, \omega\in \Omega \tag{4.38}$$

とみたとき，2 変数の意味でボレル可測関数である．

性質(4.37)が満たされるとき，スペクトル密度関数 $f_{nn}(\lambda)$ は周波数領域において 2 次のモーメントを持つこと，あるいは粗っぽくいえばノイズ過程のパワースペクトルは高周波数領域においては望ましい減少性（good decaying property）を持つことが導かれる．

以下において $\psi(t)$ は次に述べる条件(C)を満たすマザーウエーブレット関数を表すものとする (Daubechies (1992), Chui (1992) を参照).

定義 4.3 実数値関数 $\psi(t)$ が次の性質を持つとき，$\psi(t)$ は条件(C)を満たすという.

i. $\psi(t)$ は連続で，その台は有界で $[-\sigma, \sigma], \sigma > 1/2$ に含まれる.

ii. $\int_R \psi(t)dt = 0$ (4.39)

iii. $\inf_{0<\alpha<1/2}\left\{\left|\int_{-\infty}^{-\alpha} \psi(t)dt\right|, \ \left|\int_{\alpha}^{\infty} \psi(t)dt\right|\right\} = b_0 > 0$ (4.40)

はじめの2つの条件は緩いものであり，また多くのマザーウエーブレットは条件(4.40)を満たしている．例えば，次式で定義されるB-スプライン関数のマザーウエーブレットは条件(C)を満たすことが容易にわかる.

$$\psi(t) = \begin{cases} C\left(\frac{3}{2}+2t\right), & -\frac{3}{4} \leqq t \leqq -\frac{1}{4} \\ C(-4t), & -\frac{1}{4} \leqq t \leqq \frac{1}{4} \\ C\left(-\frac{3}{2}+2t\right), & \frac{1}{4} \leqq t \leqq \frac{3}{4} \\ 0, & \text{その他} \end{cases} \tag{4.41}$$

ここで，C は適当な定数である．図 4-5 は $\psi(t)$ の概形である.

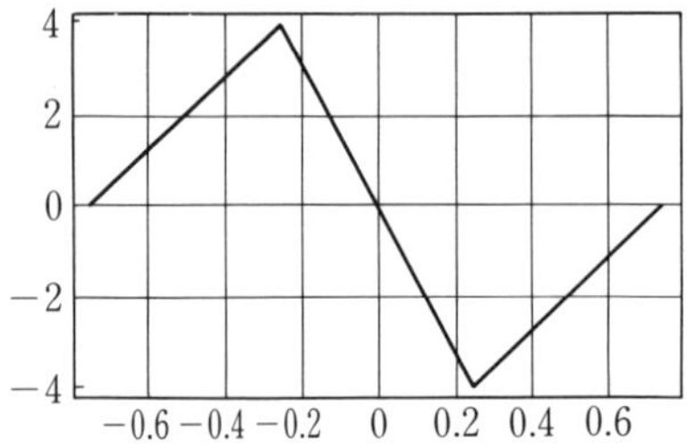

図 4-5 条件(C)を満たすマザーウエーブレット

次の定理は跳躍点の検出手順を得るために基礎となる主要な結果である.

定理 4.3 ウエーブレット $\psi(t)$ および関数 $s(t)$ はそれぞれ条件(C)および(A)

を満たすとする．いま

$$\psi_{j,k}(t)=2^{j/2}\psi(2^j t-k),\quad j,k\in\boldsymbol{Z} \tag{4.42}$$

$$I_l=[t_l-2^{-(j+1)},\quad t_l+2^{-(j+1)}] \tag{4.43}$$

$$\varDelta_l=[t_l-2^{-(5/8)j},\quad t_l+2^{-(5/8)j}] \tag{4.44}$$

$$R_l(j)=\left\{k:\frac{k}{2^j}\in I_l\right\} \tag{4.45}$$

$$Q_l(j)=\left\{k:\frac{k}{2^j}\in\varDelta_l\right\},\quad l=1,2,\cdots,p \tag{4.46}$$

とおき，

$$w_{j,k}(s)=2^{j(17/32)}\int_{\boldsymbol{R}}s(t)\psi_{j,k}(t)dt,\quad j,k\in\boldsymbol{Z} \tag{4.47}$$

と定める．このとき十分大なる j に対して

i．$\displaystyle\inf_{k\in\bigcup_{l=1}^{p}R_l(j)}\{|w_{j,k}(s)|\}\geqq b_1\cdot 2^{j/32}$ (4.48)

ii．$\displaystyle\sup_{k\notin\bigcup_{l=1}^{p}Q_l(j)}\{|w_{j,k}(s)|\}\leqq b_2\cdot 2^{-(31/32)j}$ (4.49)

が成立する．ここで

$$b_1=b_0\cdot(\min_{1\leqq l\leqq p}\{|s(t_l+0)-s(t_l-0)|\}-\varepsilon) \tag{4.50}$$

$$b_2=M\cdot\int_{-\sigma}^{\sigma}|y\psi(y)|dy \tag{4.51}$$

$$b_0=\inf_{0<\alpha<1/2}\left\{\left|\int_{-\infty}^{-\alpha}\psi(t)dt\right|,\quad\left|\int_{\alpha}^{\infty}\psi(t)dt\right|\right\} \tag{4.52}$$

で，M は(4.36)で定められた値である．さらに，$\varepsilon>0$ は $j\to\infty$ のとき 0 に収束する数列である．

証明

$$M=\sup_{\substack{t\neq t_j\\ j=1,\cdots,p}}\left|\frac{d}{dt}s(t)\right| \tag{4.53}$$

$$w^*_{j,k}(s)=\int_{\boldsymbol{R}}s(t)\psi_{j,k}(t)dt=2^{-j/2}\int_{-\sigma}^{\sigma}\psi(y)s(2^{-j}(y+k))dy \tag{4.54}$$

とおく．

（1）　$k\in\bigcup_{l=1}^{p}R_l(j)$ とする．ここに

$$R_l(j)=\left[k:\left|\frac{k}{2^j}-t_l\right|\leqq 2^{-(j+1)}\right],\quad 1\leqq l\leqq p \tag{4.55}$$

である．このとき $|k-2^j\cdot t_l|\leqq 1/2$ であり，したがって

$$w^*_{j,k}(s)=2^{-j/2}\left\{\int_{-\sigma}^{2^j t_l-k}+\int_{2^j t_l-k}^{\sigma}\right\}s(2^{-j}(y+k))\psi(y)dy$$

$$=2^{-j/2}\left\{\left(\int_{-\sigma}^{2^j t_l-k}s(t_l-0)\psi(y)dy-\varepsilon(1)\right)+\left(\int_{2^j t_l-k}^{\sigma}s(t_l+0)\psi(y)dy-\varepsilon(2)\right)\right\} \tag{4.56}$$

ここで，$\varepsilon(1), \varepsilon(2)$ は $j\to\infty$ のとき 0 に収束する正数列である．

条件(C)によって十分大なる j に対して

$$|w^*_{j,k}(s)|\geqq 2^{-j/2}\left[\left(\min_{1\leqq l\leqq p}|s(t_l+0)-s(t_l-0)|\right)\cdot\inf_{0\leqq\alpha\leqq\frac{1}{2}}\left\{\left|\int_{-\sigma}^{-\alpha}\psi(y)dy\right|,\left|\int_{\alpha}^{\sigma}\psi(y)dy\right|\right\}-\varepsilon\right]\geqq b_1\cdot 2^{-j/2} \tag{4.57}$$

となることがわかる．ここで

$$b_1=\left[\left(\min_{1\leqq l\leqq p}|s(t_l+0)-s(t_l-0)|\right)\cdot\inf_{0\leqq\alpha\leqq\frac{1}{2}}\left\{\left|\int_{-\sigma}^{-\alpha}\psi(y)dy\right|,\left|\int_{\alpha}^{\sigma}\psi(y)dy\right|\right\}-\varepsilon\right]$$

$$\varepsilon=|\varepsilon(1)|+|\varepsilon(2)|>0 \tag{4.58}$$

である．これより

$$|w_{j,k}(s)|=2^{(17/32)j}|w^*_{j,k}(s)|\geqq b_1\cdot 2^{j/32} \tag{4.59}$$

を得る．

（2）　$k\notin\bigcup_{l=1}^{p}Q_l(j)$ とする．このとき

$$w^*_{j,k}(s)=2^{-j/2}\int_{-\sigma}^{\sigma}\psi(y)s(2^{-j}(y+k))dy \tag{4.60}$$

$$=2^{-j/2}\int_{-\sigma}^{\sigma}\psi(y)(s(2^{-j}(y+k)-s(2^{-j}k))dy \tag{4.61}$$

と表される．さらに，十分大なる j に対して区間 $[2^{-j}(y+k), 2^{-j}k]$ および $[2^{-j}k, 2^{-j}(y+k)]$ の中には跳躍点が1個も含まれないことが容易にわかる，ただし $0<|y|<\sigma$ とする．

条件(A)および(4.61)によって

$$w^*_{j,k}(s)=2^{-(3/2)j}\int_{-\sigma}^{\sigma}\psi(y)\left(y\cdot\frac{d}{dt}s(t)|_{t=\theta}\right)dy \tag{4.62}$$

を得る．ここで θ は $2^{-j}k$ と $2^{-j}(k+y)$ の間の値である．

$$b_2=M\cdot\int_{-\sigma}^{\sigma}|y\psi(y)|dy \tag{4.63}$$

とおくと

$$|w^*_{j,k}(s)| \leqq 2^{-(3/2)j} \cdot b_2 \tag{4.64}$$

が成立する．ここに，M は(4.53)で定義されたものである．以上より

$$|w_{j,k}(s)| = 2^{(17/32)j}|w^*_{j,k}(s)| \leqq b_2 \cdot 2^{-(31/32)j} \tag{4.65}$$

を得る．　□

この定理から次のことがわかる．$j\to\infty$ のとき，$k\in R_l(j)$ に対しては $|w_{j,k}(s)|\to\infty$ となり，他方いかなる $Q_l(j)$ にも属さない，つまり跳躍点の近傍に属さない k に対しては $w_{j,k}(s)\to 0,\ 1\leqq l\leqq p$ となる．

定理 4.4　ウエーブレット $\psi(t)$ は条件(C)を満たし，$n(t)$ は条件(B)を満たしているとする．

$$w_{j,k}(n) = 2^{(17/32)j}\int_{\boldsymbol{R}} n(t)\psi_{j,k}(t)dt \tag{4.66}$$

とおく．このとき

$$\max_{k\in\boldsymbol{Z}} E[(w_{j,k}(n))^2] \leqq b_3 \cdot 2^{-(31/16)j} \tag{4.67}$$

が成り立つ．ここに

$$b_3 = \sigma^2\left(\int_{\boldsymbol{R}} \lambda^2 f_{nn}(\lambda)d\lambda\right)\left(\int_{\boldsymbol{R}} |\psi(y)|dy\right)^2 > 0 \tag{4.68}$$

である．

証明

$$w^*_{j,k}(n) = \int_{\boldsymbol{R}} n(t)\psi_{j,k}(t)dt = 2^{-j/2}\int_{-\sigma}^{\sigma}\left(n\left(\frac{y+k}{2^j}\right) - n\left(\frac{k}{2^j}\right)\right)\psi(y)dy \tag{4.69}$$

とおく．定常過程のスペクトル表現（6.4 節，定理 6.5）により

$$\begin{aligned} E|n(2^{-j}(y+k)) - n(2^{-j}k)|^2 &= \int_{\boldsymbol{R}} \left|e^{i2^{-j}(y+k)\lambda} - e^{i2^{-j}k\lambda}\right|^2 f_{nn}(\lambda)d\lambda \\ &\leqq 2^{-2j}\left(\sigma^2\int_{\boldsymbol{R}} \lambda^2 f_{nn}(\lambda)d\lambda\right) \end{aligned} \tag{4.70}$$

（$y\in[-\sigma, \sigma]$ について一様）

を得る．ここで，$f_{nn}(\lambda)$ は $n(t)$ のスペクトル密度関数を表す．これよりシュワルツの不等式によって

$$E(w_{j,k}(n))^2 = E(2^{(17/32)j}|w^*_{j,k}(n)|)^2$$

$$\leqq 2^{(17/16)j}\cdot 2^{-j}\left[2^{-2j}\left(\sigma^2\int_{\boldsymbol{R}}\lambda^2 f_{nn}(\lambda)d\lambda\right)\left(\int_{\boldsymbol{R}}|\psi(y)|dy\right)^2\right]$$

$$\leqq b_3\cdot 2^{-(31/16)j} \tag{4.71}$$

を得る．ここに

$$b_3=\sigma^2\left(\int_{\boldsymbol{R}}\lambda^2 f_{nn}(\lambda)d\lambda\right)\left(\int_{\boldsymbol{R}}|\psi(y)|dy\right)^2. \qquad \square \tag{4.72}$$

定理 4.5　いま $x(t)=s(t)+n(t),\ t\in\boldsymbol{R}$ とし，$s(t)$ および $n(t)$ はそれぞれ条件(A)および条件(B)を満たすとする．さらに，$\psi(t)$ を条件(C)を満たすウエーブレットとする．

$$e(j,k)=2^{(17/32)j}\int_{\boldsymbol{R}}x(t)\psi_{j,k}(t)dt, \quad j,k\in\boldsymbol{Z} \tag{4.73}$$

$$E(j)=\{k:|k|\leqq 2^{(4/3)j},\ |e(j,k)|\geqq c\} \tag{4.74}$$

とおく．ここに，c は任意に与えられた正の定数である．

$\zeta=2^{j/2}$ とし，

$$k_1=\arg\{\max_{k\in E(j)}[|e(j,k)|]\}$$

$$k_2=\arg\{\max_{k\in E(j)}[|e(j,k)|,\quad |k-k_1|\geqq\zeta]\}$$

$$k_3=\arg\{\max_{k\in E(j)}[|e(j,k)|,\quad |k-k_1|\geqq\zeta,\quad |k-k_2|\geqq\zeta]\} \tag{4.75}$$

等々とおく．この手続きで

$$K=\{k_1, k_2, \cdots, k_{p(j)}\} \tag{4.76}$$

が得られたとする．このとき十分大なる j に対して

（1）　$2^{-j}k_i=t_i+O(2^{-(5/8)j}),\quad k_i\in K,\quad 1\leqq i\leqq p(j)$　(4.77)

（2）　$p(j)=p,\quad \text{a.s.}$　(4.78)

が成立する．

証明　チェビシェフの不等式および定理 4.4 によって

$$P\{\sup_{|k|\leqq 2^{(4/3)j}}(|w_{j,k}(n)|)\geqq 2^{-(1/4)j}\}\leqq\sum_{|k|\leqq 2^{(4/3)j}}b_3\cdot b^{-(31/16)j}/(2^{-(1/4)j})^2 \tag{4.79}$$

$$=b_3(2\cdot 2^{(4/3)j}+1)2^{-(23/16)j}<3\cdot b_3\cdot 2^{-(5/48)j} \tag{4.80}$$

を得る．(4.80)から

$$\sum_{j=1}^{\infty}P\{\sup_{|k|\leqq 2^{(4/3)j}}(|w_{j,k}(n)|)\geqq 2^{-(1/4)j}\}<\infty \tag{4.81}$$

がしたがう．したがって，ボレル-カンテリの定理より確率1で，十分大なる j に対して

$$\sup_{|k|\leqq 2^{(4/3)j}} (|w_{j,k}(n)|) < 2^{-(1/4)j} \tag{4.82}$$

が成立する．

$x(t)$ はモデル $x(t)=s(t)+n(t)$ ((4.34)を参照) にしたがうから，$e(j,k)$ の定義により ((4.73)を参照)

$$e(j,k)=w_{j,k}(s)+w_{j,k}(n), \quad j,k\in \boldsymbol{Z} \tag{4.83}$$

と表される．

（1）　$k\in\bigcup_{l=1}^{p} R_l(j)$ かつ $|k|\leqq 2^{(4/3)j}$ のとき，定理4.3および(4.82)によって

$$|e(j,k)|\geqq b_1\cdot 2^{(1/32)j}-2^{-(1/4)j} \tag{4.84}$$

となり，したがって，任意に与えられた定数 $c>0$ に対して j が十分大なるとき

$$|e(j,k)|>c \tag{4.85}$$

が成立する．

（2）　$k\notin\bigcup_{l=1}^{p} Q_l(j)$ かつ $|k|\leqq 2^{(4/3)j}$ のとき，定理4.3，(4.82)および(4.83)によって

$$|e(j,k)|\leqq b_2\cdot 2^{-(31/32)j}+2^{-(1/4)j}<2\cdot 2^{-(1/4)j} \tag{4.86}$$

となる．これより，$j\to\infty$ のとき $|e(j,k)|\to 0$ であることがわかる．

$R_l(j), E(j), Q_l(j)$ の定義，および(4.85)より，十分大なる j に対して

$$R_l(j)\subset E(j)=\{k:|k|\leqq 2^{(4/3)j}, |e(j,k)|>c\}\subset Q_l(j)\subset\{k:|k|\leqq 2^{(4/3)j}\}, 1\leqq l\leqq p \tag{4.87}$$

が成り立つ．

跳躍点の位置を見つけるために，定理の中で述べたように $\zeta=2^{(1/2)j}$ とし $K=\{k_1,k_2,\cdots,k_{p(j)}\}$ とおく．

任意の2つの整数 $k_i, k_l\in K$, $i\neq l$ に対してこれらは決して $\{Q_l(j)\}$ の同一の区間には属し得ないことがわかる．実際，もしある m, $1\leqq m\leqq p$, に対して $k_i, k_l\in Q_m(j)$ であったとすると

$$\left|\frac{k_i}{2^j}-\frac{k_l}{2^j}\right|\leqq \mathrm{length}(\varDelta_m(j))=2\cdot 2^{-(5/8)j} \tag{4.88}$$

したがって

$$|k_i-k_l|\leqq 2\cdot 2^{j(1-(5/8))}<2^{(1/2)j}=\zeta \tag{4.89}$$

となる．しかしこれは K の要素の選び方に反する．よって $p(j)\leqq p$ であることがわかる．他方 $p(j)\geqq p$ であることが示される．実際，もし $p(j)<p$ とすると少なくとも1つの $R_l(j)$ と $k_i\in K, l\neq i$ が存在して

$$R_l(j)\subset H_i=\{k:|k-k_i|<\zeta\} \tag{4.90}$$

となる．なぜなら任意の $k_i\in K, 1\leqq i\leqq p(j)$ に対して，H_i が $R_i(j)$ のみを含むならば $p(j)=p$ となるからである．一般性を失うことなく $k_i\in Q_{l-1}(j)$ と仮定する．Δ_{l-i} と Δ_l の間の距離を $d(\Delta_{l-i}, \Delta_l)$ で表したとき，十分大なる j に対して

$$d(\Delta_{l-j}, \Delta_l)=(t_l-t_{l-i})-2\cdot 2^{-(5/8)j}>\frac{1}{2}\min_{2\leqq l\leqq p}(|t_l-t_{l-i}|) \tag{4.91}$$

である．このとき

$$k_0\in R_l(j)=\left\{k:\left|\frac{k}{2^j}-t_l\right|\leqq 2^{-(j+1)}\right\}$$

ならば

$$|k_0-k_i|>2^j\left(\frac{1}{2}\min_{2\leqq l\leqq p}(|t_l-t_{l-1}|)\right)>2^{(1/2)j}=\zeta \tag{4.92}$$

が成り立つ．これは(4.90)に反する．よって $p(j)\geqq p$ でなければならない．以上より十分大なる j に対して $p(j)=p$ が成立する．

これまでの議論から

$$\left|\frac{k_i}{2^j}-t_i\right|<2^{-(5/8)j} \tag{4.93}$$

が成り立つことがわかる．これより

$$2^{-j}k_i=t_i+O(2^{-(5/8)j}) \tag{4.94}$$

が示された．　□

定理4.5によると跳躍点検出において鍵となる事柄は $\{|e(j, k_l)|\}$ の（局所的）最高点を与える値からなる集合 $K=\{k_l\}$ を求めることであることがわかる．適当な解像度レベル j のもとで K の任意の2点，例えば，k_l および k_s は，もしそれらが互いに $2^{j/2}$ 以上離れた位置にあり，また $|e(j, k_l)|, |e(j, k_s)|$ が与えられた閾値 c よりも大であるならば，これは $s(t)$ の2つの跳躍点に対応するものである（(4.74)を参照）．さらに，定数 c として理論的には j が無限大に近づくとき，任意の正数に取ってよいことがわかる．

現実の場面では集められたデータは通常は離散的である．計算機でウエーブレット変換(4.73)をいかに計算するかは非常に重要な問題である．これに関連して

Delyon and Juditsky (1995) は次のような方法を提案している．

観測値 f_k は等間隔の格子点 $x_k=k/N$ においてとられたもの，すなわち $f_k=f(k/N), k=1, 2, \cdots, N, N=2^j$，とし，$(\varphi, \psi)$ はコンパクトな台を持つものとする (Antoniadis and Oppenheim (1995), p. 152 を参照)．このとき適当な緩い数学的条件のもとで，積分

$$\alpha_k=\int_{\boldsymbol{R}} f(x)\varphi_k(x)dx \tag{4.95}$$

$$\beta_{jk}=\int_{\boldsymbol{R}} f(x)\psi_{j,k}(x)dx \tag{4.96}$$

によって定義されるウエーブレット係数は，次の離散的な和によって十分な精度で近似することができる．ここで，$\varphi_k(x)=\varphi(x-k), k\in\boldsymbol{Z}$ である．

$$\bar{\alpha}_k=\frac{1}{N}\sum_{i=1}^{N}\left(\frac{i}{N}\right)\varphi_k\left(\frac{i}{N}\right) \tag{4.97}$$

$$\bar{\beta}_{jk}=\frac{1}{N}\sum_{i=1}^{N}f\left(\frac{i}{N}\right)\psi_{j,k}\left(\frac{i}{N}\right). \tag{4.98}$$

4.4 数値シミュレーション

前節で述べた跳躍点検出の手法の有効性を示すため，いくつかのシミュレーションの例を挙げよう．各々の例において 1000 個のデータ点がとられ，相関を持った定常ノイズは

$$n(t)=\int_{\boldsymbol{R}} g(t-u)dW(u), \quad t\in\boldsymbol{R} \tag{4.99}$$

という形で表されているものとする．ここに，$W(t)$ はウイーナー過程 (Wiener process)，すなわち $t_1<t_2<\cdots<t_n$ に対し

$$W(t_2)-W(t_1), \cdots, W(t_n)-W(t_{n-1}) \tag{4.100}$$

は互いに独立で平均 0,

$$\mathrm{Var}(W(t_{i+1})-W(t_i))=\sigma_W^2|t_{i+1}-t_i|, \quad i=1, 2, \cdots, n \tag{4.101}$$

なる正規分布にしたがう確率変数である．いま

$$g(t)=\begin{cases}\sqrt{\dfrac{\pi}{2}}\left(\dfrac{1-|t|}{2}\right), & |t|\leqq 1 \text{ のとき} \\ 0, & \text{その他}\end{cases} \tag{4.102}$$

とすると，$g(t)$ のフーリエ変換は

$$G(\lambda)=\frac{1}{4}\left(\frac{\sin\lambda/2}{\lambda/2}\right)^2,\quad \lambda\in\boldsymbol{R} \tag{4.103}$$

となり，したがって $n(t)$ のスペクトル密度関数は

$$f_{nn}(\lambda)=\frac{\sigma_W^2}{2\pi}|G(\lambda)|^2=\frac{\sigma_W^2}{32\pi}\left(\frac{\sin\lambda/2}{\lambda/2}\right)^4,\quad \lambda\in\boldsymbol{R} \tag{4.104}$$

となる．明らかに $f_{nn}(\lambda)$ は条件

$$\int_{\boldsymbol{R}}\lambda^2 f_{nn}(\lambda)d\lambda<\infty \tag{4.105}$$

を満たしている．(4.102)を(4.99)に代入すると

$$\begin{aligned} n(t)&=\frac{1}{2}\sqrt{\frac{\pi}{2}}\int_{\{t-1\leqq u\leqq t+1\}}(1-|t-u|)dW(u)\\ &=\frac{1}{2}\sqrt{\frac{\pi}{2}}\left(\int_{t-1}^{t+1}dW(u)-\int_{t-1}^{t+1}|t-u|dW(u)\right) \end{aligned} \tag{4.106}$$

を得る．計算機によるシミュレーションを行う際に，(4.106)を離散和で近似することは容易である．さて経験ウエーブレット係数を(4.98)によって計算し(Delyon and Juditsky (1995) を参照)，

$$e(j,k)\equiv W_{j,k}=2^{(17/32)j}\int_{\boldsymbol{R}}x(t)\psi_{j,k}(t)dt\sim 2^{(17/32)j}\cdot\frac{1}{n}\cdot\sum_{k=1}^{n}x\left(\frac{k}{n}\right)\psi_{j,k}\left(\frac{k}{n}\right) \tag{4.107}$$

が求まる．ここで，$\psi(t)$ をB-スプラインウエーブレット ((4.41)を参照) にとり，(4.41)における定数は

$$\|\psi\|^2=1 \tag{4.108}$$

となるように選ばれているとする．

例1　シニュソイダル関数 (sinusoidal function) に定常相関ノイズが加わったもの．

これは，確定的な関数の跳躍が視察によっては確認することが困難であるが，ウエーブレット変換を行うことにより明瞭にとらえることができる例である．

$$\begin{aligned} &\omega_1=8\,;\ \omega_2=20\,;\ \omega_3=4\,;\ \omega_4=10\,;\ k=3\,;\ p_k=\pi\cdot\left(2k+\frac{1}{2}\right)\\ &t_1=\frac{p_k}{\omega_1}\,;\ \tau_2=t_1+\frac{\pi}{2\cdot\omega_2}\,;\ t_2=\tau_2+\frac{p_k}{\omega_2}\,;\ \tau_3=t_2+\frac{\pi}{2\cdot\omega_3}\\ &t_3=\tau_3+\frac{p_k}{\omega_3}\,;\ \tau_4=t_3+\frac{\pi}{2\cdot\omega_4}\,;\ t_4=\tau_4+\frac{p_k}{\omega_4} \end{aligned} \tag{4.109}$$

$$f_1(t)\begin{cases}\sin(\omega_1 t), & 0\leqq t<t_1\\ \sin(\omega_2(t-\tau_2)), & t_1\leqq t<t_2\\ \sin(\omega_3(t-\tau_3)), & t_2\leqq t<t_3\\ \sin(\omega_4(t-\tau_4)), & t_3\leqq t<t_4\\ 0, & \text{その他}\end{cases} \tag{4.110}$$

図 4-6 のグラフから明らかに，両者のグラフともにその跳躍点の位置を直感的に識別することは困難である．この例に対して異なる解像度レベルを用いて，前節で述べた手法による検出を実行すると以下のような結果が得られた．

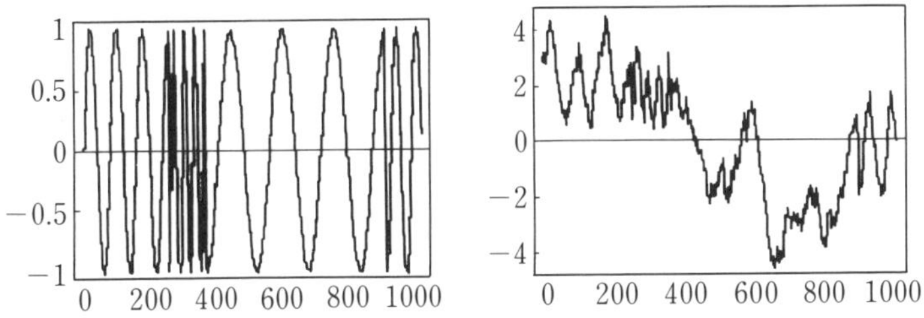

図 4-6 左の図は 3 つの跳躍点を持つ元の信号を表し，右の図はその信号にノイズが加わったものを表す ($m(jh)/\sigma=0.5$)．ここに $m(jh)$ は信号における最小の跳躍の大きさで，σ は相関を持つノイズの標準偏差である

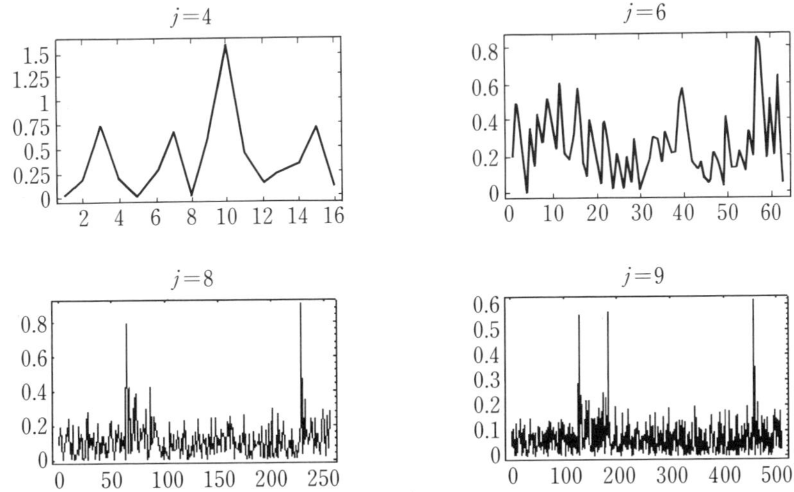

図 4-7 異なる解像度を持つウエーブレットによるシニュソイダル信号の跳躍点の検出

図 4-7 から次のことが容易にわかる．非常に低い $m(jh)$-ノイズ比 $(=0.5)$ においても，解像度レベルが十分大であればウエーブレット検出関数の尖頭点は跳躍のほぼ正確な位置を示している（図 4-7，$j=9$ を参照）．

$$\begin{aligned}\hat{t}_1&=(130/2^j)\times1000=0.2539\times1000=253.9\quad(\text{真値}=255)\\ \hat{t}_2&=(187/2^j)\times1000=0.3652\times1000=365.2\quad(\text{真値}=365)\\ \hat{t}_3&=(468/2^j)\times1000=0.9141\times1000=914.1\quad(\text{真値}=915)\end{aligned}\tag{4.111}$$

例 2　ブロック関数に相関のある定常ノイズが加わったもの．

$$f_2(t)=\begin{cases}0.5, & 0\leqq t<0.3\\ -0.5, & 0.3\leqq t<0.5\\ 0, & 0.5\leqq t<0.75\\ 0.5, & 0.75\leqq t<1\end{cases}\tag{4.112}$$

とする．ブロック関数および信号に相関のあるノイズが加わったグラフが図 4-8 に示されている．

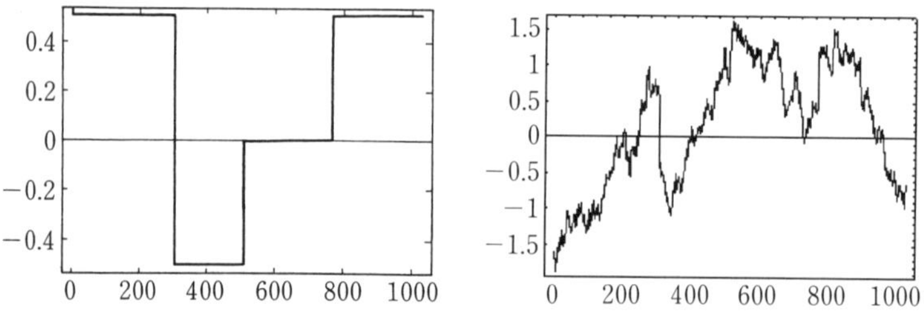

図 4-8　左の図は 3 つの跳躍点を持つ元の信号を表し，右の図はその信号にノイズが加わったものを表す $(m(jh)/\sigma=0.5)$

異なる解像度レベルでのブロック関数のウエーブレット検出が図 4-9 で示されている．

図 4-9 から $j=6,8,9$ に対して 3 個の跳躍が非常に鮮明，かつ正確に検出されていることがわかる．

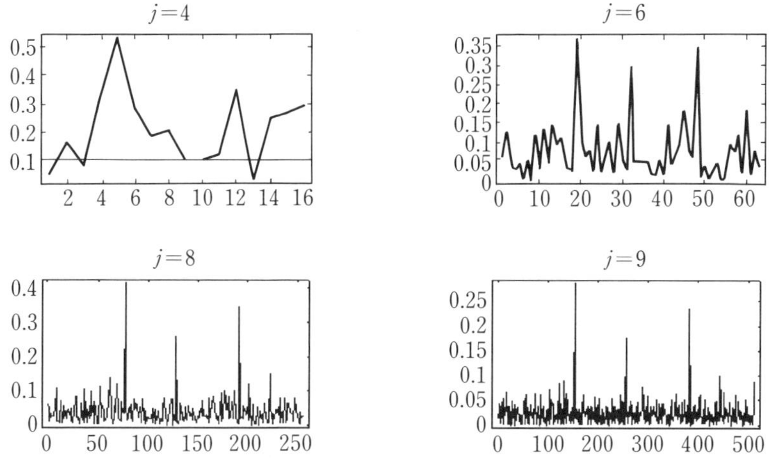

図 4-9　3 つの跳躍点を持つブロック関数に対するウエーブレットによる跳躍点の検出

例 3　不規則関数に相関のあるノイズが加わったもの．

3 番目の例は次のような不規則関数（irregular function）

$$f_3(t)=\begin{cases}\cos(1.77\,t), & 0\leqq t<0.2\\ 0.5\cdot\cos(1.77\,t), & 0.2\leqq t<0.5\\ \cos(8.1\,t), & 0.5\leqq t<0.75\\ \cos(2.1\,t), & 0.75\leqq t<1\end{cases} \tag{4.113}$$

にノイズが加わった場合である．$f_3(t)$ および $x(t)=f_3(t)+n(t)$ は図 4-10 に描

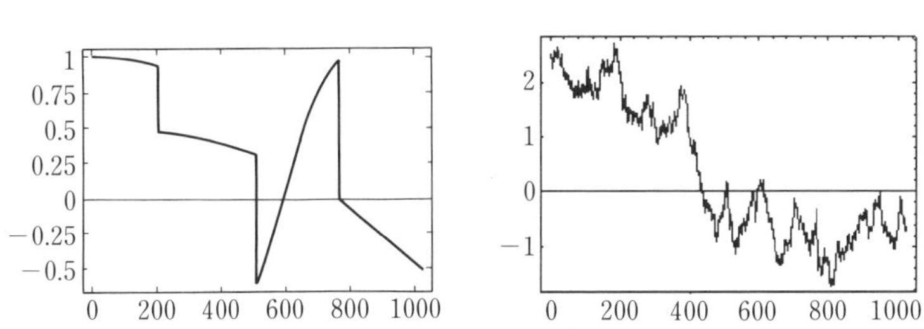

図 4-10　左の図は 3 つの跳躍を持つ不規則信号（オリジナル）を表し，右の図はその信号にノイズが加わったものを表す（$m(jh)/\sigma=0.5$）

かれている．

異なる解像度レベルに対するウエーブレット検出関数が図 4-11 で示されている．

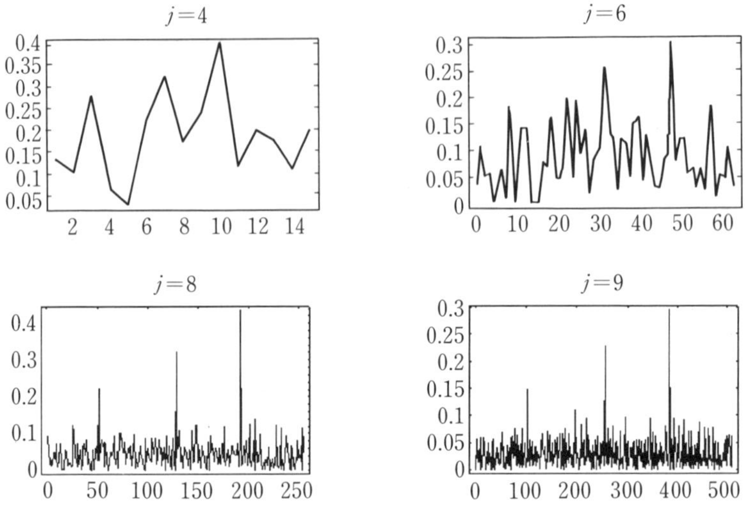

図 4-11　3つの跳躍点を持つ不規則関数のウエーブレットによる跳躍点の検出 ($m(jh)/\sigma=0.5$)

図 4-11 ($j=8, 9$) と図 4-10 の左側の方とを見比べると，3個の跳躍点の位置が非常に鮮明に，また正確に図に示されていることがわかる．

4.5　米ドル対独マルク為替相場(1989-1991)についての跳躍点の検出

経済学の分野において重要な問題の1つは為替相場の変動である．為替相場は戦争，政治的危機，金融危機などといった経済的，政治的な出来事に比較的敏感である．これらの出来事は金融市場に打撃を与え為替相場にピクピクとした変動を生じさせる．したがって，為替相場や他の経済データに対する跳躍点の検出は経済学者，金融市場アナリスト，あるいは政策立案者達にとって重要な情報を提供するであろう．ここで，1989年8月1日から1991年7月31日の期間の，全部で515個からなる USD（米ドル）対 DM（独マルク）為替相場データに対して跳躍点の検出を行ってみよう．USD 対 DM の為替相場の原データが図 4-12 に示されている．

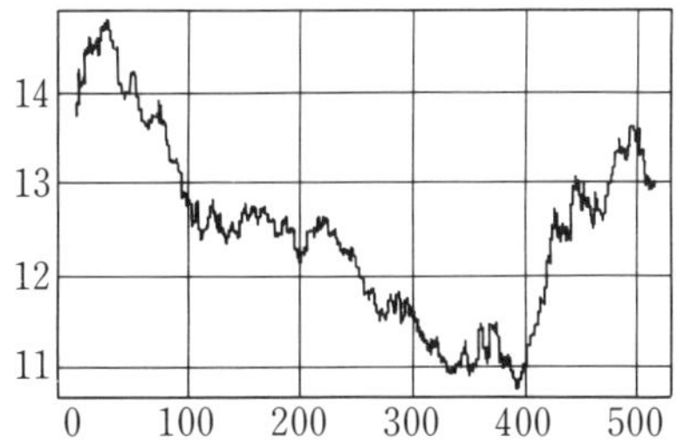

図 4-12　米ドル対独マルク為替相場データ
(1989 年 8 月 1 日〜1991 年 7 月 31 日)

ここでは跳躍点をルマリエ-メイエウエーブレット（1.2 節を参照）を用いて検出する．$j=6$ に対して得られる図 4-13 において，3 個の頂点が見出される．これらの 3 個の跳躍点は元の記録における次の日付けに対応している．

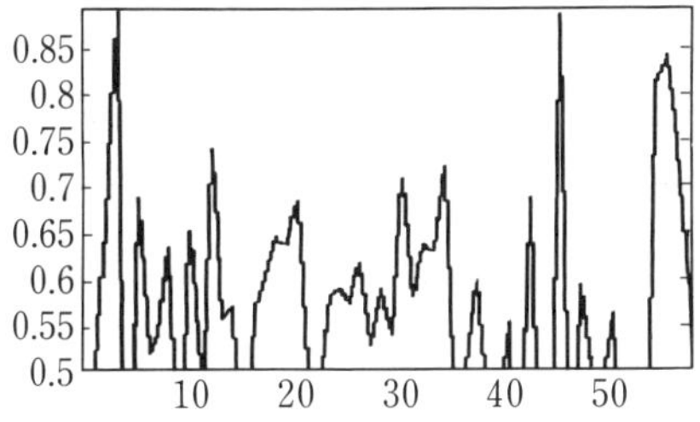

図 4-13　ルマリエ-メイエウエーブレットによる，米ドル対独マルク為替相場の跳躍点の検出（ウエーブレット係数 $e(j, k)$）

1989 年 9 月 22 日〜25 日（1.952 から 1.8993 へ）
1990 年 12 月 19 日〜20 日（1.475 から 1.5098 へ）
1991 年 3 月 22 日〜25 日（1.643 から 1.6860 へ）

我々の手法で検出された跳躍点はすべて，実際に為替相場の比較的大きな変化を説明している．さらにまたこれらの跳躍は強力な政治的あるいは経済的衝撃を反映している．

1番目の跳躍点は，米ドルは世界経済の健全性にとって高すぎ，その強さを抑制するために協力をするという同意に到達した1989年9月23日のG7閣僚会議後の翌週の月曜日の独マルクに対する米ドルの急激な下落を表している．2番目の跳躍は合衆国大統領が，もしイラク軍がクウェートから撤退しなければ1991年1月15日深夜に国連軍による武力行使を実施するという声明を出した直後の1990年12月19日～20日に起こっている．湾岸の空気は，湾岸戦争の勝利の後で合衆国軍隊がイラク北方で2機のイラク軍用機を撃墜したとき再び緊張した状況になった．結果として米ドルを独マルクに対して吊り上げることになった．これが第3番目の跳躍点を意味している．

我々の得たウエーブレットによる検出結果をYinやWu and Chuによる方法，およびスコア検定によって検出された跳躍点と比較すると次の表4-1のようになる．

表4-1　跳躍点検出のための色々な手法の比較

方　法	検出された跳躍点の個数	日　付
Yin	1	1991年 3 月22日～25日
Wu and Chu	1	1991年 3 月22日～25日
スコア検定	3	(1)1990年12月19日～20日 (2)1991年 3 月22日～25日 (3)1991年 4 月17日～18日
ウエーブレット	3	(1)1989年 9 月22日～25日 (2)1990年12月19日～20日 (3)1991年 3 月22日～25日

1991年3月22日～25日の跳躍が4つのすべての方法で検出されているのは非常に興味深い．1990年12月19日～20日での跳躍はウエーブレットによる方法とスコア検定による方法で検出されたが，スコア検定によって検出された3番目の跳躍点は特別な社会的背景を持っていなくそれは単に‘外れ値’を表していると考えられる．1989年9月22日～25日の跳躍点は実際に，YinやWu and Chuの方法によって予備的に検出された点の集まり（YinおよびWu and Chuにおいてはそれぞれ $\hat{t}_2=39/512$ および $\hat{t}_3=40/512$ と表されている）に含まれていることに注目することは大変重要である．残念ながらこのような跳躍点は，Yinの

方法では個数の決定 $\hat{q}_n=1$ によって除外され，また Wu and Chu の方法では仮説検定によって棄却され除外されてしまった．つまり彼らの方法は実際に 2 つの跳躍点を正しく見出しているが個数の選択が厳しすぎるため 1 個の跳躍点を見失っている．このことは彼らの理論は大標本に基づいており，我々の標本の大きさでは彼らの手法を適用するには不十分であることに起因していると考えられる．

第5章 確率過程におけるウエーブレットの応用—最近の発展

本章の主な目的は確率過程におけるウエーブレットについて，近年におけるいくつかの発展を紹介することである．以下で述べられる内容から読者はウエーブレットの手法によって確率論および統計学において多くの非常に興味のある結果が得られることがわかるであろう．それらには次のような話題が含まれている．統計学の分野では，ウエーブレット分散推定（wavelet variance estimation），発展スペクトル解析（evolutionary spectral analysis），非線形自己励起閾値自己回帰モデリング（non-linear SETAR modeling），隠れ周期解析（hidden periodicities analysis），再生核密度推定（reproducing kernel density estimation），不均一分散に対するスコア検定などであり，確率論の分野では，k-定常性，弱調和過程（weak harmonizable process），カルーネン（Karhunen）クラス過程，次数 D の定常増分過程に対するウエーブレット変換等々である．

本章では証明はすべて省かれているが，詳しくは参考文献を見られたい．

5.1 k-定常性とウエーブレット

1. 一般の確率過程のウエーブレット表現

$(\Omega, \mathcal{F}, P)$ を確率空間とする．いま

$$L^2(\Omega\times\boldsymbol{R})=\left\{x(t):E\left\{\int_T x^2(t)dt\right\}<\infty,\ x(t)\text{ は実数値確率変数}\right\}$$

とおく．$L^2(\Omega\times\boldsymbol{R})$ は明らかにヒルベルト空間である．

$$V_k=V_k(\Omega\times\boldsymbol{R})=\left\{x\in L^2(\Omega\times\boldsymbol{R}):x(t)=\sum_l \xi_{k,l}\varphi_{k,l}(t),\ \sum_l E(\xi_{k,l}^2)<\infty\right\} \tag{5.1}$$

$$\varphi_{k,l}(t)=2^{k/2}\varphi(2^k t-l) \qquad (\varphi(\cdot)\text{ はスケーリング関数})$$

と定める．このとき

定理 **5.1**　(表現定理)

$\{V_k\}_{k\in \boldsymbol{Z}}$ は空間 $L^2(\Omega\times\boldsymbol{R})$ への多重解像度近似をなす．具体的に述べると

(M_0)　各 $k\in\boldsymbol{Z}$ に対して V_k は $L^2(\Omega\times\boldsymbol{R})$ の閉部分空間である．

(M_1)　$V_k\subset V_{k+1},\ \forall k\in\boldsymbol{Z}$

(M_2)　$\bigcup_{k\in\boldsymbol{Z}} V_k$ は $L^2(\Omega\times\boldsymbol{R})$ において稠密で，$\bigcap_{k\in\boldsymbol{Z}} V_k=\{0\}$

(M_3)　$x(t)\in V_k\Leftrightarrow x(2t)\in V_{k+1},\ \forall k\in\boldsymbol{Z}$

(M_4)　$x(t)\in V_k\Leftrightarrow x(t-2^{-k}l)\in V_k,\ \forall l\in\boldsymbol{Z}$

定理 **5.2**　(時間-周波数分解定理)

$$L^2(\Omega\times\boldsymbol{R})=\sum_k\oplus W_k$$

が成立する．すなわち $\forall x\in L^2(\Omega\times\boldsymbol{R})$ に対して

$$x(t)=\sum_k\sum_l\eta_{k,l}\psi_{k,l}(t)\quad(\psi_{k,l}\in W_k)$$

と表される．ここに，W_k は V_k の V_{k+1} における直交補空間を表し，

$$\eta_{k,l}=\int_{\boldsymbol{R}}x(t)\psi_{k,l}(t)dt$$

である．

2.　定常性，解像度および $\boldsymbol{k}$-定常性

任意の $x\in V_k$ に対して(5.1)から

$$x(t)=\sum_l\xi_{k,l}\varphi_{k,l}(t)\tag{5.2}$$

が成り立ち，したがってまた

$$x(t+s)=\sum_l\xi_{k,l}\varphi_{k,l}(t+s)=\sum_l\xi_{k,l-2^k\cdot s}\varphi_{k,l}(t)$$

が成り立つ．

定義 5.1　$x(t)$ は次の条件を満たすとき，解像度レベル k で定常（あるいは簡単に k-定常）であるといわれる．$\forall n\geqq 1,\ t_1,t_2,\cdots,t_n\in\boldsymbol{R},\ l\in\boldsymbol{Z}$ に対して $x(t)$ は

$$\{x(t_1+2^{-k}l),\cdots,x(t_n+2^{-k}l)\}\overset{d}{=}\{x(t_1),\cdots,x(t_n)\}$$

を満たす．ここで‘d’は分布として両辺が等しいことを意味する．

ここで確率ベクトル

$$\underline{\xi}_k(\cdot)=\{\xi_{k,l} : l\in\boldsymbol{Z}\} \tag{5.3}$$

を導入する．このとき

命題 5.1　$x(t)$ が k-定常過程であるための必要十分条件は

$$\underline{\xi}_k(\cdot)\overset{d}{=}\underline{\xi}_k(\cdot+l),\ \forall l\in\boldsymbol{Z}$$

となることである．

実際，$x(t_i+2^{-k}l)=\sum_s \xi_{k,l+s+2^k t_i}\varphi_{k,s}(0)$, $x(t_i)=\sum_s \xi_{k,s+2^k t_i}\varphi_{k,s}(0)$ であることからこの命題は直ちにしたがう．

命題 5.2　$k'\leqq k$ とする．このとき k-定常ならば，k'-定常である．

いま

$$\boldsymbol{V}_i^w=(\xi_{\tilde{k},\,w\times i+1},\ \cdots,\ \xi_{\tilde{k},\,w\times i+w}) \tag{5.4}$$

とおく．これは w 次元ベクトルである．このとき次の命題を得る．

命題 5.3　$x\in V_{\tilde{k}}(\Omega\times\boldsymbol{R})$ とする．このとき $x(t)$ が k-定常 $(k\leqq\tilde{k})$ であるための必要十分条件は，$\{\boldsymbol{V}_i^w\}_{i\in Z}$ が $w=2^{\tilde{k}-k}$ として w 次元確率ベクトルの定常系列となることである．

定義 5.2　$x(t)$ が次の条件を満たすとき，$x(t)$ は解像度レベル k で弱定常（あるいは単に k-弱定常）であるといわれる．$\forall s\in\boldsymbol{R}$, $l\in\boldsymbol{Z}$ に対して共分散関数について

$$\begin{aligned}R(2^{-k}l,2^{-k}l+s)&=R(0,s)\\&\triangleq E(x(0)-E\{x(0)\})(x(s)-E\{x(s)\})\end{aligned}$$

が成り立つ．

命題 5.4　$\{x(t)\}$ のすべての有限次元分布は連続とする．このとき，$x(t)$ が弱定常であるための必要十分条件は $x(t)$ がすべての解像度レベルで弱定常であることである．

命題 5.5　$x(t)$ は弱定常で $R(s)\triangleq R(t,t+s)\in L^2(\boldsymbol{R})$ とする．このとき

$$R(s)=\sum_{k,l} d_{k,l}\psi_{k,l}(s)$$

と表される．

詳細は，Cheng, B. and Tong, H. (1996)（A theory of wavelet representation and decomposition for a general stochastic process. Festschrift in Honour of Prof. E. J. Hannan. Springer-Verlag）を参照されたい．

5.2　ウエーブレット表現を持つ時系列の弱定常性

本節の内容は Kawasaki, S. and Shibata, R. (1995) を参照した．

1.　ウエーブレット関数によるカルーネン-ロエブ型の定理

$\psi(t)$ をマザーウエーブレットとして

$$\psi^{a,b}(t)=a^{-1/2}\psi\left(\frac{t-b}{a}\right),\ a>0,\ b\in\boldsymbol{R}$$

とおく．このときよく知られたカルーネン-ロエブ（Karhunen-Loève）の定理（例えば Grenander（1981）を参照）の特別の場合として，次の定理が成り立つことがわかる．

定理 5.3　2次の確率過程 $x(t)$ の共分散関数が

$$R(s,t)=E\{x(s)\overline{x(t)}\}=\langle\psi^{\lambda}(s),\psi^{\lambda}(t)\rangle$$
$$=\int_{\Lambda}\frac{1}{a}\psi\left(\frac{s-b}{a}\right)\overline{\psi\left(\frac{t-b}{a}\right)}d\mu(a,b) \tag{5.5}$$

を満たしているとする．ここに，$\lambda=(a,b), \Lambda=\boldsymbol{R}_{+}\times\boldsymbol{R}$ で任意の t に対して $\psi^{\lambda}(t)\in L^2(\Lambda,d\mu)$ であるとする．このとき直交増分を持つ Λ 上の確率的集合関数（直交測度）Z が存在して，

$$d\mu=\|dZ\|^2=E|dZ|^2$$

を満たし，さらに $x(t)$ は

$$x(t)=\int_{\Lambda}a^{-1/2}\psi\left(\frac{t-b}{a}\right)dZ(a,b)$$
$$=\int_{\Lambda}\psi^{\lambda}(t)dZ(a,b) \tag{5.6}$$

と表される．

この定理は，共分散関数がウエーブレット関数の内積として表される任意の2

次の確率過程は

$$x(t)=\int_{\Lambda}\psi^{\lambda}(t)dZ(a,b)$$

なるウエーブレット表現を持つことを示している．

2.　弱定常性の必要十分条件

条件：測度 μ は

$$d\mu(a,b)=d\mu_1(a)d\mu_2(b)$$

と分解されるとする．すなわち，直交測度に関しては $dZ(a,b)=dZ_1(a)dZ_2(b)$ と表されるとする．ここに $Z_1(a), Z_2(b)$ は直交増分過程で，$E\{dZ_1(a)\overline{dZ_2(b)}\}=0$ を満たすものである．さらに，μ_2 はルベーグ測度に関して絶対連続な部分と跳躍の部分のみを持つとする．言い換えると $d\mu_2(b)$ は

$$f(b)db+\sum_k f_k\cdot\delta(b-b_k)$$

と書くことができるとする．ここに数列

$$\cdots<b_{-1}<0\leqq b_0<b_1<\cdots$$

は集積点を持たなく $(\inf_k(b_{k+1}-b_k)=B>0)$, $\sum_k f_k<\infty$ である．いま

$$d\nu(b)=\begin{cases}1, & b=b_k \text{ のとき}\\ db, & \text{その他}\end{cases}$$

$$K_v(b)=\int_{R_+}\frac{1}{a}\psi\left(\frac{b+v}{a}\right)\overline{\psi\left(\frac{b-v}{a}\right)}d\mu_1(a),\ v\in\boldsymbol{R} \tag{5.7}$$

とおくとき

$$\int_R|K_v(u-b)|d\nu(b)<\infty,\ u\in\boldsymbol{R}$$

と仮定する．さらに，$\hat{K}_v(\omega)=\frac{1}{\sqrt{2\pi}}\int_R K_v(b)e^{-i\omega b}db$ とおくとき次の定理を得る．

定理 5.4　ある $v\in\boldsymbol{R}$ に対し，任意の $\omega\in\boldsymbol{R}$ について $\hat{K}_v(\omega)\neq 0$ であるとする．このとき

$$x(t)=\int_{\Lambda}a^{-1/2}\psi\left(\frac{t-b}{a}\right)dZ(a,b)$$

が弱定常であるための必要十分条件は，$f(b)=\text{const.}$ かつすべての k に対して $f_k=0$ となることである．

系　任意の $\omega\in\boldsymbol{R}$ に対して $\hat{K}_0(\omega)\neq 0$ とする．このとき，$x(t)$ の弱定常性は分散関数 $R(t,t)$ の一様性と同等である．

この系は，ウエーブレット表現を持つ確率過程 $x(t)$ の弱定常性は，ウエーブレット関数が任意の $\omega\in\boldsymbol{R}$ に対して $\hat{K}_0(\omega)\neq 0$ を満たす限り，$x(t)$ の分散の一様性からのみしたがうことを示している．

例：

（1）$Z(a,b)$ は (a_0,b_0) で跳躍 Z を持ち $\sigma^2=E\{|Z|^2\}$ なる分散を持つとする．このとき

$$x(t)=\frac{1}{\sqrt{a_0}}\psi\left(\frac{t-b_0}{a_0}\right)\cdot Z$$

$$R(s,t)=\frac{1}{a_0}\psi\left(\frac{s-b_0}{a_0}\right)\overline{\psi\left(\frac{t-b_0}{a_0}\right)}\cdot\sigma^2$$

は任意の $\psi^{\lambda}(\neq 0)\in L_2(\Lambda,d\mu)$, $\lambda=(a,b)$ に対して $s-t$ の関数とはなり得なく，したがって $x(t)$ は弱定常でないことがわかる．

（2）$\psi(t)=(1-t^2)e^{-t^2/2}$　(Mexican hat)

$$\hat{K}_0(\omega)=\frac{1}{16\sqrt{2}}\int_0^{\infty}\frac{1}{a}[(a^2\omega^2-2)^2+8]e^{-(a\omega)^2/4}d\mu_1(a)$$

とおく．このとき自明な測度 $d\mu_1=0$ を除いて任意の $d\mu_1$ に対し $\hat{K}_0(\omega)$ は正となる．

いま，$Z_1(a)$, $0\leqq a\leqq 1$ を分散 σ_1^2 を持つブラウン運動とし，$Z_2(b)$, $-\infty<b<\infty$ を分散 σ_2^2 を持つブラウン運動とすると，$d\mu_1(a)=\sigma_1^2da$, $d\mu_2(b)=\sigma_2^2db$, $d\mu(a,b)=\sigma_1^2\sigma_2^2da\,db$ となり，共分散関数については

$$\begin{aligned}R(s,t)&=\sigma_1^2\sigma_2^2\int_0^1\int_{\boldsymbol{R}}\frac{1}{a}\psi\left(\frac{s-b}{a}\right)\overline{\psi\left(\frac{t-b}{a}\right)}da\,db\\&=\sigma_1^2\sigma_2^2\sqrt{\frac{\pi}{2}}(s-t)^2\int_{(s-t)/\sqrt{2}}^{\infty}\left(\frac{3}{4}\frac{1}{x^2}-\frac{3}{2}+\frac{x^2}{4}\right)e^{-x^2/2}dx\end{aligned}$$

となる．したがって，共分散関数は $s-t$ の関数であることがわかり，これより $x(t)$ の弱定常性がしたがう．

詳細は，Kawasaki, S. and Shibata, R. (1995)（Weak stationarity of a time series with wavelet representation. Japan Journal of Industrial and Applied Mathematics, **12**(1), 37-45）を参照されたい．

5.3　調和過程(harmonizable process)のウエーブレット解析

1.　フレッシェ変動と弱調和過程

定義 5.3　(Ω_i, Σ_i), $i=1,2$ を可測空間とし，$\Omega=\Omega_1\times\Omega_2$ とする．像作用素 β, β : $\Sigma_1\times\Sigma_2\to\boldsymbol{C}$ に対し，任意の $A\in\Sigma_1$, $B\in\Sigma_2$ について

$$\beta(\,\cdot\,, B):\Sigma_1\to\boldsymbol{C}$$
$$\beta(A,\,\cdot\,):\Sigma_2\to\boldsymbol{C}$$

がそれぞれ複素数値測度となるとき，β は両測度（bimeasure）と呼ばれる．ここで $\boldsymbol{C}$ は複素数全体の集合を表す．

定義 5.4　$\mathbf{B}$ をボレル集合体とし，β: $\mathbf{B}\times\mathbf{B}\to\boldsymbol{C}$ を両測度とする．$\forall(A, B)\in\mathbf{B}\times\mathbf{B}$ に対して

$$|\beta|(A, B)=\sup\left\{\sum_{i=1}^{n}\sum_{j=1}^{n}|\beta(A_i, B_j)| : \{A_i\}_1^n, \{B_j\}_1^n \text{ はそれぞれ } A \text{ および } B \text{ の互いに交わりのない部分集合族である，} n\geqq 1\right\}$$

$$\|\beta\|(A, B)=\sup\left\{\left|\sum_{i=1}^{n}\sum_{j=1}^{n}a_i\bar{b}_j\beta(A_i, B_j)\right| : \{A_i\}_1^n, \{B_j\}_1^n \text{ はそれぞれ } A \text{ および } B \text{ の互いに交わりのない部分集合族である，} n\geqq 1, |a_i|\leqq 1, |b_j|\leqq 1, a_j, b_j\in\boldsymbol{C}\right\}$$

と定める．もし，$|\beta|(\boldsymbol{R}, \boldsymbol{R})<\infty$ であるならば，β は $\boldsymbol{R}$ 上で（ヴィタリ(Vitali)の意味で）有界変動であるといわれる．また $\|\beta\|(\boldsymbol{R}, \boldsymbol{R})<\infty$ のとき，β はフレッシェ（Fréchet）の意味で有界変動であるといわれる．

定義 5.5　β を両測度とする．このときもし

$$\forall\{A_i\}_1^n\subset\mathbf{B}, \{\alpha_i\}_1^n\subset\boldsymbol{C} \text{ に対して } \sum_{i=1}^{n}\sum_{j=1}^{n}\beta(A_i, A_j)\alpha_i\bar{\alpha}_j\geqq 0$$

が成り立つとき，β は正定値（positive definite）であるといわれる．

定義 5.6　$\boldsymbol{R}\times\boldsymbol{R}$ 上で定義されたただ1つの正定値有界変動両測度 μ が存在して，$x(t)$ の共分散関数が

$$R(t,s)=\int_{\boldsymbol{R}}\int_{\boldsymbol{R}} e^{i(\omega t-\lambda s)}\mu(d\omega, d\lambda)$$

と表されるとき，$\{x(t): t\in\boldsymbol{R}\}$ は強調和過程（strong harmonizable process）であるといわれる．

定義 5.7　$\boldsymbol{R}\times\boldsymbol{R}$ 上で定義されたただ1つの正定値でフレッシェの意味で有界変動な両測度 β が存在して，$x(t)$ の共分散関数が

$$R(t,s)=\int_{\boldsymbol{R}}\int_{\boldsymbol{R}} e^{i(\omega t-\lambda s)}\beta(d\omega, d\lambda) \tag{5.8}$$

と表されるとき，$\{x(t): t\in\boldsymbol{R}\}$ は弱調和過程（weak harmonizable process）であるといわれる．

明らかに $x(t)$ が強調和なら弱調和であるが，逆は一般に正しくない．これに関連して，ラオによって次のような大変興味のある結果が示されている．（Rao（1985, 1986）を参照）．

任意の弱調和過程はある定常過程の射影として表される．逆に，任意の定常過程の連続線形変換は弱調和過程となる（これは一般に強調和過程とはならない）．

2.　弱調和過程のウエーブレット分解

Wong（1994）は強調和過程のウエーブレット分解を論じ，Zheng（1996）はWong（1994）における結果を弱調和過程の場合に一般化した．主な結果を述べると

定理 5.5　$x(t)$ を弱調和過程とする．このとき，$x(t)$ は次のような $L^2(=L^2(\Omega))$-収束級数として表される．

$$x(t)=\lim_{M,N\to\infty}\left[\sum_{m=k}^{M}\sum_{n=-N}^{N} x_{m,n}\psi_{m,n}(t)+\sum_{n=-N}^{N} s_{k,n}\varphi_{k,n}(t)\right](L^2) \tag{5.9}$$

ここで，$x_{m,n}=\int_{\boldsymbol{R}} x(t)\overline{\psi_{m,n}(t)}\,dt$, $s_{k,n}=\int_{\boldsymbol{R}} x(t)\overline{\varphi_{k,n}(t)}\,dt$ である．

定理 5.6　$x(t)$ を L^2 の意味で連続な確率過程とする．さらに

$$X_L(t)=\sum_{n\in\boldsymbol{Z}} x_{L,n}\psi_{L,n}(t)$$

$$S_L(t)=\sum_{n\in\boldsymbol{Z}} s_{L,n}\varphi_{L,n}(t)$$

とおく．このとき

（1）　$x(t)$ が弱調和ならば $X_L(t)$，$S_L(t)$ はともに弱調和である．

（2）　任意に固定された K に対して，$S_K(t)$ が弱調和ならば，$\forall L<K$ に対して $X_L(t)$ および $S_L(t)$ は弱調和である．

3.　線形変換のもとでのウエーブレット分解

$\{x(t), t\in\boldsymbol{R}\}$，$\{y(t), t\in\boldsymbol{R}\}$ を弱調和過程とし，Λ を

$$\Lambda x(t)=y(t),\ t\in\boldsymbol{R}$$

を満たす線形作用素とする．このような作用素の中でもっとも重要なものとしてフィルター作用素と微分作用素がある．

定理 5.7　$x(t)$ を弱調和過程とし，そのスペクトル測度 dZ は次の条件を満たしているとする．正の整数 $d\geqq 1$ が存在して，$\forall A\in\mathbf{B}$（ボレル集合体）に対して $\int_A|\omega|^d dZ(\omega)$ が常に存在する．このとき $x(t)$ の，L^2 の意味での，次数 d の微分 $x^{(d)}(t)$ が存在し，次のようなウエーブレット分解を持つ．

$$x^{(d)}(t)=\lim_{M,N\to\infty}\left[\sum_{m=k}^{M}\sum_{n=-N}^{N}A_{m,n}\psi_{m,n}(t)+\sum_{n=-N}^{N}B_{k,n}\varphi_{k,n}(t)\right](L^2),\ \forall k\in\boldsymbol{Z}$$

ここで

$$A_{m,n}=\int_{\boldsymbol{R}}(i\omega)^d 2^{-m/2}\overline{\hat{\psi}(2^{-m}\omega)}\ e^{i\omega 2^{-m}\cdot n}dZ(\omega)$$

$$B_{k,n}=\int_{\boldsymbol{R}}(i\omega)^d 2^{-k/2}\overline{\hat{\varphi}(2^{-k}\omega)}\ e^{i\omega 2^{-k}\cdot n}dZ(\omega) \tag{5.10}$$

である．

定理 5.8　$x(t)$ を弱調和過程とし，$h(t)$ は可積分とする．このとき

$$y(t)=\int_{\boldsymbol{R}}h(\tau)x(t-\tau)d\tau$$

は次のように分解される．

$$y(t)=\sum_{m=k}^{\infty}\sum_{n=-\infty}^{\infty}x_{m,n}\lambda_{m,n}(t)+\sum_{n\in\boldsymbol{Z}}s_{k,n}\mu_{k,n}(t) \tag{5.11}$$

ここに

$$\lambda_{m,n}(t)=-\int_R h(t-\tau)\psi_{m,n}(\tau)d\tau$$

$$\mu_{k,n}(t)=-\int_R h(t-\tau)\varphi_{k,n}(\tau)d\tau$$

である．

上の定理における $y(t)$ と，$x(t)$ の分解（(5.9)）を比べると次のことがわかる．弱調和過程のフィルトレーションはウエーブレットとスケーリング関数のフィルトレーションの合成として表される．

4. 周期相関過程，強調和過程および弱調和過程についていくつかの注意

5.3.1項において，強調和過程は弱調和過程でなければならないがその逆は一般に成立しないことが示摘された．

実際の応用の分野において大変重要な確率過程のクラスとして周期相関過程（periodic correlated process）と呼ばれるものがある．確率過程 $x(t)$ が

$$E\{x(t)\}=m(t)=m(t+T_0)$$
$$E\{x(t)\overline{x(s)}\}=B(t,s)=B(t+T_0,s+T_0)$$

を満たすとき，周期 T_0 の周期相関過程と呼ばれる．

離散時系列の場合，周期相関系列は強調和過程であるが（Yaglom（1987 a, b)），連続パラメータを持つ確率過程の場合はこのようなことは一般に成立しない．周期相関過程が弱調和過程ですらないことがある（Gladyshev (1963)）．

例：　$x(t)$ を次式を満たす周期相関過程とする．

$$E\{x(t)\overline{x(s)}\}=\int_R\int_R e^{i(\omega t-\lambda s)}dF(\omega,\lambda)$$

ここに，$F(A,B)=\sum_{m=1}^{\infty}F_m(A,B)$ で，$F_m(A,B)$ は格子点 $\{(j,k)\}_{j,k=1,2,\cdots}$ 上に集中した測度で

$$F_m(j,k)=\begin{cases}\dfrac{1}{m^2\log^2 m}\displaystyle\int_0^{\pi}e^{i(j-k)\lambda}d\lambda, & \max(j,k)\leqq m\\ 0, & \max(j,k)>m\end{cases}$$

を満たすものである．このとき，$x(t)$ は弱調和であるが強調和でないことが示される．

詳細は，Zheng, J.（1996）（Wavelet decomposition of weak harmonizable processes. M. A. Degree Thesis, Dept. of Prob. & Statist., Peking University）を参照されたい．

5.4　ウエーブレット分散の推定

1. はじめに

$y(t)$ を定常過程とし，そのスペクトル密度および分散をそれぞれ $S_y(f)$, Var (y_t) で表す．このとき

$$\int_{-1/2}^{1/2} S_y(f)df = \mathrm{Var}\,(y_t)$$

となることはよく知られている．この式から，S_y は定常過程の分散を，周波数を表す連続な独立変数 f に関して分解していることがわかる．

ウエーブレット分解に対する上記と同様な関係式は

$$\sum_{l=0}^{\infty} V_y^2(2^l) = \mathrm{Var}\,(y_t) = \int_{-1/2}^{1/2} S_y(f)df \tag{5.12}$$

で与えられる．ここで，$V_y^2(\lambda)$ は独立変数 λ に関連したウエーブレット分散（wavelet variance）を表す．大まかにいって $V_y^2(\lambda)$ は 1 つの長さ λ の時間帯から次の時間帯に移るとき，確率過程 y_t の帯域幅（bandwidth）λ での重みつき平均がどの程度変化するかを示す量である．

各 λ に対する $V_y^2(\lambda)$ を図示することにより，確率過程の分散に対しどのスケールが重要な貢献をしているかを見ることができる．

もし長さ 2 のハールウエーブレットフィルターに基づくならば，対応するウエーブレット分散は原子時計のよく知られた性能基準であるアラン分散（Allan variance）の 1/2 である（Allan（1966），Flandrin（1992））．各 λ に対するアラン分散の値のプロットは，様々の時間帯にわたって時計がいかに正確に時を刻んでいるかを特徴づけるために 30 年近くにわたり日常的に用いられてきている手法である．

2. 予 備 定 理

適当な条件のもとで

$$V_y^2(\lambda) \sim 2\int_{(1/4)\lambda}^{(1/2)\lambda} S_y(f)df \tag{5.12}$$

となることが示される．いま観測値 $(y_1, y_2, \cdots, y_N)$，$N=2^k$ に対して

$$\hat{S}_y(f_j)=\frac{1}{N}\left|\sum_{t=1}^{N}(y_t-\bar{y})e^{-i2\pi f_j t}\right|^2 \tag{5.14}$$

$f_j=\frac{j}{N}$, $\bar{y}=\frac{1}{N}\sum_{i=1}^{N}y_i$ とおく．このとき次の等式が成立する．

$$\frac{1}{N}\sum_{j=-(N/2)+1}^{N/2}\hat{S}_y(f_j)=\frac{1}{N}\sum_{t=1}^{N}(y_t-\bar{y})^2 \tag{5.15}$$

いま，y_t を確率過程とし，

$$Z_t=(1-B)^d y_t=\sum_{j=0}^{d}C_d^j(-1)^j y_{t-j}$$

とおく．このとき

（1） y_t が定常過程のとき，Z_t のスペクトルは

$$S_z(f)=\mathscr{D}^d(f)\cdot S_y(f)=(4\sin^2(\pi f))^d\cdot S_y(f) \tag{5.16}$$

で与えられる．ここに $\mathscr{D}(f)\triangleq 4\sin^2(\pi f)$ である．

（2） y_t は非定常過程であるが Z_t が定常過程のとき

$$S_y(f)\triangleq S_z(f)/\mathscr{D}^d(f) \tag{5.17}$$

と定める（Yaglom（1958）を参照）．

いま $h_0, \cdots, h_{L-1}$ を長さ L（L は偶数）のコンパクトな台を持つドベシィウエーブレットフィルターの係数とする．$\{h_l\}$ は $\sum_l h_l^2=1$ を満たすとし

$$H(f)=\sum_{l=0}^{L-1}h_l e^{-2\pi i f t},\ \ W_t=\sum_{l=0}^{L-1}h_l y_{t-l} \tag{5.18}$$

とおく．このとき次の結果を得る．

定理 5.9　$L\geqq 2d$ とする．このとき W_t は平均0の定常過程で，そのスペクトルは

$$S_W(f)=|H(f)|^2\cdot S_y(f)$$

である．さらに

$$\nu^2\triangleq\frac{E(W_t^2)}{2}=\frac{1}{2}\int_{-1/2}^{1/2}S_W(f)df \tag{5.19}$$

とおくとき

$$\nu^2=\frac{1}{4^d}\sum_{l=0}^{(L/2)-1}C_{(L/2)-1+l}^{\,l}\cdot\int_{-1/2}^{1/2}\cos^{2l}(\pi f)\cdot\sin^{L-2d}(\pi f)\cdot S_Z(f)df \tag{5.20}$$

が成立する．

3.　ガウス過程の場合

y_t をガウス過程とする．このとき W_t もガウス過程となる．$E\{W_t\}=0$ と仮定する．このとき次の定理を得る．

定理 5.10　$S_W(f)$ は 2 乗可積分で，ほとんどいたるところ正の値をとるとする．このとき推定量

$$\hat{\nu}_W^2=\frac{1}{2N_W}\sum_{t=L}^{N}W_t^2,\ N_W=N-L+1 \tag{5.21}$$

は $N\to\infty$ のとき漸近的に平均 ν^2，分散 $A_W/(2N_W)$ の正規分布にしたがう．ここに

$$A_W=\int_{-1/2}^{1/2}S_W^2(f)df$$

である．

N が大のとき，$2\hat{S}_W^2(f)/S_W(f)$ は $0<|f|<1/2$ に対して漸近的に自由度 2 のカイ 2 乗分布 (χ_2^2) にしたがう．これより

$$E\{\hat{S}_W^2(f)\}\sim 2S_W^2(f) \tag{5.22}$$

が成り立つ．ここで，$\hat{S}_W$ は S_W の推定量としての $\{W_t\}$ のピリオドグラムを表す．さらに

$$\hat{A}_W\triangleq\frac{1}{2}\int_{-1/2}^{1/2}\hat{S}_W^2(f)df=\frac{\hat{S}_{0,W}^2}{2}+\sum_{\tau=1}^{NW-1}\hat{S}_{\tau,W}^2 \tag{5.23}$$

を A_W の近似的不偏推定量として用いることができる．ここで，$S_{\tau,W}$ は自己共分散系列を表す（Priestly（1981），p. 332 を参照）．

証明は Percival（1995）を見られたい．(5.23)の等号はパーセバルの定理による．

4.　高スケール分散

$g_l=(-1)^{l+1}h_{L-l-1},\ l=0,1,\cdots,L-1$ とし，$G(f)$ をそのフーリエ変換とする．Λ を正の整数として

$$L_\lambda=(2\lambda-1)(L-1)+1,\ \lambda=2^\Lambda \tag{5.24}$$

$$G_\lambda(f)=\prod_{l=0}^{\Lambda}G(2^l f)$$

$$H_\lambda(f)=H(\lambda f)\prod_{l=0}^{\Lambda-1}G(2^l f) \tag{5.25}$$

とおく．$\{h_{l,\lambda}\}$ を $H_\lambda(f)$ のフィルター係数としたとき

$$W_{t,\lambda}=\sum_{l=0}^{L_\lambda-1}h_{l,\lambda}y_{t-l} \tag{5.26}$$

はスケール $\lambda=2^\Lambda$ のウエーブレットフィルターを y_t にかけて得られた出力を表している．$\{W_{t,\lambda}\}$ のスペクトルを $S_{W\lambda}(f)$ で表す．

スケール λ のウエーブレット分散 $V_y^2(\lambda)$ は

$$\hat{V}_y^2(\lambda)=\frac{1}{2\lambda N_{W\lambda}}\sum_{t=L_\lambda}^{N}W_{t,\lambda}^2 \tag{5.27}$$

$N_{W\lambda}=N-L_\lambda+1$，で推定することができる．

N が大のとき，$\hat{V}_y^2(\lambda)$ は漸近的に平均 $V_y^2(\lambda)$，分散 $A_{W\lambda}/(2\lambda^2 N_{W\lambda})$ の正規分布にしたがうことが示される．ここに

$$A_{W\lambda}=\int_{-1/2}^{1/2}S_{W\lambda}^2(f)df \tag{5.28}$$

である．

詳細は，Percival, Donald B.（1995）（On estimation of the wavelet variance. Biometrika, **82**(3), 619-631）を参照されたい．

5.5　ウエーブレット回帰における不均一分散のスコア検定

1. モデル

次のモデルを考える．

$$\boldsymbol{y}=\boldsymbol{f}+\boldsymbol{\varepsilon}$$

ここで，$\boldsymbol{f}=(f_1,\cdots,f_n)'$，$f_i=f(t_i)$，$f(\cdot)$は $t_1,\cdots,t_n$, ただし t_i は等間隔にとられた $[0,1]$ 上の点，上で定義された未知の区分的多項式関数とし，$\boldsymbol{\varepsilon}=(\varepsilon_1,\cdots,\varepsilon_n)'$ で $\{\varepsilon_i\}$ は互いに独立で平均 0，分散 $g_i\sigma^2$ の分布にしたがう確率変数を表す．ただし，$g_i=g(z_i,\delta)$ で g は δ に関して 2 回微分可能で，z_i' は $n\times q$ 行列 Z の第 i 行ベクトルを表し，δ は $q\times 1$ ベクトルを表す．

均一分散であるという帰無仮説は

$$H_0:\delta=\delta_0,\ g(z_i,\delta_0)=1,\ i=1,2,\cdots,n \tag{5.29}$$

と表される．

Donoho and Johnstone (1994) で述べられたように，直交行列 $\boldsymbol{W}$ が存在して，$\boldsymbol{w}=\boldsymbol{W}\boldsymbol{y}$ はノイズを伴ったデータ

$$\boldsymbol{y}=\boldsymbol{W}'\boldsymbol{w}=\boldsymbol{W}'\boldsymbol{\theta}+\boldsymbol{\varepsilon},\ \boldsymbol{\theta}=\boldsymbol{W}\boldsymbol{f}$$

のウエーブレット変換の役割を演ずるとみなすことができる．ウエーブレット基底における消失モーメント m は $m\geqq d$ を満たすとする．ここで，d は区分的多項式 f の次数を表す．f のウエーブレット回帰推定 $\hat{f}$ は Donoho and Johnstone (1994) で述べられた硬閾値法 (hard thresholding) あるいは軟閾値法 (soft thresholding) によって得られる (3.6 節を参照)．

2. 仮定と主な結果

仮定 1．S_i を $g_i=g(z_i, \delta)$ の δ に関する偏微分係数 ((5.31) を参照) とし

$$\bar{S}=\frac{1}{n}\sum_{i=1}^{n}S_i$$

$$a_{n,i}=\frac{S_i-\bar{S}}{\sqrt{\sum_{i=1}^{n}(S_i-\bar{S})^2}},\ 1\leqq i\leqq n$$

とおく．このとき $\max_{1\leqq i\leqq n}|a_{n,i}|=o(n^{-1/4}\cdot\log^{-2}n)$．

仮定 2．$E(\varepsilon_1^4)<\infty$

仮定 3．$E(\varepsilon_1^8)<\infty$

仮定 4．$\int_0^1 f^2(t)dt<\infty$

仮定 5．$\max_{1\leqq i\leqq n}|f_i|=o(n^{1/4}\cdot\log^{-2}n)$

仮定 1，2 および仮説 H_0 のもとで，スコア検定統計量

$$T_1^*=\frac{R'S(S'S)^{-1}S'R}{\hat{\phi}}$$

は $n\to\infty$ のとき漸近的に自由度 q のカイ 2 乗分布 (χ_q^2) にしたがうことが示される (Cai, Z. et al. (1998))．ここに

$$\hat{\phi}=\frac{1}{n}\sum_{i=1}^{n}(\hat{e}_i^2-\hat{\sigma}^2)$$

$$\hat{e}_i=y_i-\hat{f}_i\,;\ \mathbf{1}=(1)_{n\times 1}$$

$$S=\left(I-\frac{\mathbf{1}\cdot\mathbf{1}'}{n}\right)\cdot S_0$$

$$S_0=(S_i)_{n\times q}$$

$$S_i=\frac{\partial}{\partial\delta}g(z_i,\ \delta)\Big|_{\delta=\delta_0} \tag{5.31}$$

$$R=(\hat{e}_i^2)_{n\times 1}$$

であり，$\hat{f}$ は f のウエーブレット推定量を表す．また

$$\hat{\sigma}=\frac{\text{median}\,(|w_{J-1,k}|:0\leqq k\leqq 2^{J-1})}{0.6745} \tag{5.32}$$

である．ここで，$(w_{j,k})$ はスキーム $w_{j,k}$：$j=0,1,\cdots,J-1$；$k=0,1,\cdots,2^J-1$ を通してダイアディカルに指標をつけられた $y_i(i=0,1,\cdots,2^J-1)$ のウエーブレット係数である．

いま分散関数 g_i が特に $g_i=g(\lambda f_i)$ の形で与えられているとする．このとき，帰無仮説

$$H_0:\lambda=\lambda_0=0,\ g(\lambda_0 f_i)=1,\ i=1,2,\cdots,n \tag{5.33}$$

に対するスコア検定統計量として

$$T_2=\frac{1}{2\,\hat{\sigma}^4}\left(\sum_{i=1}^{n}b_{n,i}\cdot\hat{e}_i^2\right)^2 \tag{5.34}$$

が導かれる．ここで，$\hat{\sigma}^2$ は σ^2 の1つの一致推定量で

$$b_{n,i}=(\hat{f}_i-\hat{f}.)\Big/\sqrt{\sum_{i=1}^{n}(\hat{f}_i-\hat{f}.)^2}$$

$$\hat{f}.=\frac{1}{n}\sum_{i=1}^{n}\hat{f}_i \tag{5.35}$$

である．このとき，仮説 H_0 および仮定3，4，5のもとで，統計量 T_2 は $n\to\infty$ のとき漸近的に自由度1のカイ2乗分布 (χ_1^2) にしたがうことが示される（Cai, Z. et al.（1998））．

Cai, Z. et al.（1998）においていくつかのシミュレーションがなされている．例えば分散関数として

$$g_i=e^{z_i\delta} \tag{5.36}$$

をとり（ここで，Z_i はたがいに独立で $N(0,1)$ にしたがう確率変数），$\delta=(0, 0.3, 0.6, 0.9)$ とし平均関数は Donoho and Johnstone（1994）で導入されたブロック関数やドプラー関数と類似のものを取り上げ考察している．シミュレーションの結果によると，本項で与えられた統計的検定は $n=128\sim1024$ に対しては良好であることが示されている．

詳細は，Cai, Z., Hurvich, C. M. and Tsai, C-L.（1998）（Score tests for heteroscedasticity in wavelet regression. Biometrika, **85**(1), 229-234）を参照されたい．

5.6　非線形閾値法による発展スペクトルのウエーブレット平滑化

1.　$L^2(\boldsymbol{T}^2)$ の周期 MRA

$\boldsymbol{T}$ をトーラス $\boldsymbol{T}=\boldsymbol{R}/\boldsymbol{Z}$ とし，$\tilde{\varphi}(\cdot)$ をスケーリング関数とする．このとき

$$\varphi_{j,k}(x)=\sum_{n}\tilde{\varphi}_{j,k}(x-n)$$

は周期 1 の周期関数で，$\{\varphi_{j,k},\ k=0,1,\cdots,2^j-1\}$ は V_j の直交基底をなす．

$$\boldsymbol{W}_j=\mathrm{Span}\,\{\psi_{j,k}(x),\ k=0,1,\cdots,2^j-1\},\quad \psi_{j,k}(x)=\psi_{j,0}(x-2^{-j}k)$$

とおく．このとき，$L^2(\boldsymbol{T})$ における正規直交基底を容易に得ることができる（1 章を参照）．

$L^2(\boldsymbol{T}^2)$ の 2 次元 MRA は次のようにして得られる．

$$\begin{aligned}\Phi(x,y)&=\varphi(x)\varphi(y)\\ \Psi^h(x,y)&=\varphi(x)\psi(y)\\ \Psi^v(x,y)&=\psi(x)\varphi(y)\\ \Psi^d(x,y)&=\psi(x)\psi(y).\end{aligned}\tag{5.37}$$

いま

$$\boldsymbol{V}_j=V_j\otimes V_j$$

$$\boldsymbol{W}_j=\mathrm{Span}\,\{\Psi^{\mu}_{j,\boldsymbol{k}}(x,y),\ \boldsymbol{k}=(k_1,k_2),\ k_i=0,1,\cdots,2^j-1,\ \mu=h,v,d\}\tag{5.38}$$

とおく．このとき $\forall f\in L^2(\boldsymbol{T}^2)$ に対して

$$f(x,y)=C_{00}+\sum_{j\geq 0}\sum_{\boldsymbol{k}=0}^{2j-1}\sum_{\mu=h,v,d}d^{\,\mu}_{j,\boldsymbol{k}}\Psi^{\mu}_{j,\boldsymbol{k}}(x,y)\tag{5.39}$$

と表される．ここに，$d^{\,\mu}_{j,\boldsymbol{k}}=\langle f(x,y),\Psi^{\mu}_{j,\boldsymbol{k}}(x,y)\rangle_{\boldsymbol{T}^2}$, $C_{00}=\int_{\boldsymbol{T}^2}f(x,y)dxdy$ である．

2.　局所定常過程の発展スペクトル

定義 5.8　確率過程の系列 $\{x_{t,T}\}_{t=1,\cdots,T}$ が次の条件を満たすとき，$\{x_{t,T}\}$ は伝達関数 A^0，傾向 μ を持つ局所定常過程（locally stationary process）と呼ばれる．

$x_{t,T}$ は

$$x_{t,T}=\mu\left(\frac{t}{T}\right)+\int_{-1/2}^{1/2} A_{t,T}^{0}(\lambda)e^{2\pi i\lambda t}dZ(\lambda) \tag{5.40}$$

と表される．ここに

（1）　$Z(\lambda)$ は $[-1/2, 1/2]$ 上の直交増分過程で，$E\{Z(\lambda)\}=0, \overline{Z(\lambda)}=Z(-\lambda)$

$$\mathrm{Cov}\,(dZ(\lambda), dZ(\lambda'))=\delta(\lambda-\lambda')d\lambda$$

$$\mathrm{Cum}\,\{dZ(\lambda_1), \cdots, dZ(\lambda_k)\}=\eta\left(\sum_{j=1}^{k}\lambda_j\right)h_k(\lambda_1, \cdots, \lambda_{k-1})d\lambda_1\cdots d\lambda_k$$

$$|h_k(\lambda_1, \cdots, \lambda_{k-1})|\leqq \mathrm{const.}_k,\quad \text{すべての } k \quad (h_1=0, h_2(\lambda)=1)$$

$$\eta(\lambda)=\sum_{j}\delta(\lambda+j) \tag{5.41}$$

（2）　正の定数 K と，$[0,1]\times[-1/2, 1/2]$ 上の滑らかな関数 $A(u,\lambda)$ で λ について周期1の周期関数であって $A(u, -\lambda)=\overline{A(u, \lambda)}$ を満たすものが存在して，すべての T に対して

$$\sup_{t,\lambda}\left| A_{t,T}^{0}(\lambda)-A\left(\frac{t}{T}, \lambda\right)\right|\leqq\frac{K}{T} \tag{5.42}$$

となる．また $A(u,\lambda)$，$\mu(u)$ は u について連続である．

この確率過程のクラスは，時間とともに変わる係数を持つ ARMA モデルを含んでいる（Dalhaus（1997）を参照）．また A および μ が t, T に関係しない場合として通常の定常過程もこのクラスに含まれることがわかる．議論を簡単にするために以下では $\mu=0$ と仮定する．

定義 5.9　(5.40)で与えられる確率過程 $\{x_{t,T}\}$ の発展スペクトルを

$$f(u,\lambda)=|A(u,\lambda)|^2,\ u\in(0,1) \tag{5.43}$$

で定義する．

定義 5.10　局所化ピリオドグラムは

$$I_N(u,\lambda)=\frac{1}{H_{2,N}}\left|\sum_{s=0}^{N-1}h\left(\frac{s}{N}\right)x_{[uT-(N/2)+s+1],T}\cdot e^{-2\pi i\lambda s}\right|^2 \tag{5.44}$$

で定義される．ここに，h: $[0,1]\to[0,1]$ は十分なめらかな先細関数（taper function）で

$$H_{2,N}=\sum_{s=0}^{N-1}h^2\left(\frac{s}{N}\right)$$

である．

多くの種類の先細関数が Brillinger（1981）の本の中で示唆されている．特によく知られている先細関数はハミング窓（Hamming window）

$$h(u)=\begin{cases}\frac{1}{2}(1-\cos 2\pi u), & u\in\left[0,\frac{1}{2}\right]\\ h(1-u), & u\in\left[\frac{1}{2},1\right]\end{cases}$$

である．

$N=2^J$ のとき $I_N(u,\lambda)$ は M 時点

$$u_i=\frac{t_i}{T},\ t_i=s\cdot i+\frac{N}{2},\ 0\leqq i\leqq M-1,\ 1\leqq s\leqq N$$

で計算される．さらに $T\to\infty$ のとき $N^2/T\to 0$ を仮定する．

3. ウエーブレット推定

$f_J(u,\lambda)$ をスペクトル $f(u,\lambda)$ の空間 $\boldsymbol{V}_J$ 上への射影

$$f_J(u,\lambda)=C_{00}+\sum_{j=0}^{J-1}\sum_{\boldsymbol{k}=0}^{2j-1}\sum_{\mu=h,v,d}d_{j,\boldsymbol{k}}^{\mu}\Psi_{j,\boldsymbol{k}}^{\mu}(u,\lambda) \tag{5.45}$$

とする．ここに

$$C_{00}=\int_0^1\int_{-1/2}^{1/2}f(u,\lambda)dud\lambda,\quad d_{j,\boldsymbol{k}}^{\mu}=\int_0^1\int_{-1/2}^{1/2}f(u,\lambda)\Psi_{j,\boldsymbol{k}}^{\mu}(u,\lambda)dud\lambda$$

（ここでは $\boldsymbol{T}^2=[0,1]\times[-1/2,1/2]$ と考える）

である．このとき経験係数は

$$\hat{C}_{00}=\frac{1}{M}\sum_{i=0}^{M-1}\int_{-1/2}^{1/2}I_N(u_i,\lambda)d\lambda$$

$$\hat{d}_{j,\boldsymbol{k}}=\frac{1}{M}\sum_{i=0}^{M-1}\int_{-1/2}^{1/2}I_N(u_i,\lambda)\Psi_{j,\boldsymbol{k}}^{\mu}(u_i,\lambda)d\lambda \tag{5.46}$$

で与えられる．

定理 5.11　$\{x_{t,T}\}^T$ は(5.40)で与えられる確率過程とし，条件(A_1)～(A_4)（後述の「注意」を参照）が満たされているとする．このとき，$T\to\infty$ としたとき，経験係数 $\hat{d}_{j,\boldsymbol{k}}^{\mu}$ は漸近的に，$2^j=o(N)$ を満たす j および $\boldsymbol{k}$ について一様に正規分

布にしたがう．より詳しく，

$$\sqrt{T}(\hat{d}^{\mu}_{j,k}-d^{\mu}_{j,k})\xrightarrow{D}N(0, A^{\mu}_{j,k}),\ \mu=h, d, v\quad (\text{'D' は分布収束を示す})$$

が成り立つ．ここで

$$A^{\mu}_{j,k}=2\cdot C_h\cdot\int_{T^2}f^2(u,\lambda)\cdot\Psi^{\mu}_{j,k}(u,\lambda)[\Psi^{\mu}_{j,k}(u,\lambda)+\Psi^{\mu}_{j,k}(u,-\lambda)]dud\lambda \quad (5.47)$$

$$C_h=\int_0^1 h^4(x)dx\Big/\left(\int_0^1 h^2(x)dx\right)^2\ (s=N\text{ のとき}),\ C_h=1\ (s/N\to 0\text{ のとき})$$

である．

注意：　条件(A_1)〜(A_4)の詳細はvon Sacks, R. and Schneider, K. (1995, 1996) を参照されたい．これらの条件はウエーブレットおよび先細関数のある種の微分可能性に関する事柄と，パラメータ N, s, T の間の関係を定めたものである．

4. 経験ウエーブレット係数の尾部確率の推定

以下では固定された1つの $\mu\in\{h, v, d\}$ に対して $\hat{d}_{j,k}=\hat{d}^{\mu}_{j,k}$ を考え，互いに重なりあわない分割，$s=N$，すなわち $T=N\cdot M$ の場合に制限する．$\Gamma_T=\mathrm{Cov}\{x_{t,T}, x_{s,T}\}$, $t, s\in\{1, 2, \cdots, T\}$ とし，$\boldsymbol{X}_T=(x_{1,T}, x_{2,T}, \cdots, x_{T,T})$ をガウス確率ベクトルとする．このとき $\hat{d}_{j,k}$ は次のような2次形式として表される．

$$\begin{aligned}\hat{d}_{j,k}&=\frac{1}{M}\sum_{i=0}^{M-1}\int_{-1/2}^{1/2}I_N(u_i,\lambda)\Psi^{\mu}_{j,k}(u_i,\lambda)d\lambda\\&=\frac{1}{M}\sum_{i=0}^{M-1}\psi^{(1)}_{j,k_1}(u_i)\cdot\int_{-1/2}^{1/2}I_N(u_i,\lambda)\psi^{(2)}_{j,k_2}(\lambda)d\lambda\\&=\boldsymbol{X}'_T\boldsymbol{B}_T\boldsymbol{X}_T\end{aligned}\quad (5.48)$$

ここで，$\boldsymbol{B}_T$ はそれぞれが大きさ N の M 個のブロックからなる $T\times T$ ブロック対角行列を表す．

命題 5.6　次の不等式が成立する．

$$\sup_{0\leqq j<J,\,0\leqq \boldsymbol{k}<2^j}P\left\{\left|\frac{\hat{d}_{j,k}-E\{\hat{d}_{j,k}\}}{(\mathrm{Var}\,(\hat{d}_{j,k}))^{1/2}}\right|\geqq x\right\}\leqq \mathrm{const.}\cdot\exp\left\{-\frac{x}{\sqrt{2}}\right\}.$$

これより特に $T\to\infty$ のとき $T\cdot\mathrm{Var}\,(\hat{d}_{j,k})\to A^{\mu}_{j,k}$ がしたがう．

この命題より次のことがわかる．次数 $\log T$ の閾値は，$T\to\infty$ のとき尾部確

率が急速に減少することを保証する．すなわち

$$P\left\{\left|\frac{\hat{d}_{j,k}-E\{\hat{d}_{j,k}\}}{(\mathrm{Var}\,(\hat{d}_{j,k}))^{1/2}}\right|\geqq\log\,T\right\}=o\left(\frac{1}{\sqrt{T}}\right) \tag{5.49}$$

が成り立つ．

いま $\tilde{d}^{s\mu}_{j,k}=\delta^{s}_{\lambda_T}(\hat{d}^{\mu}_{j,k})$ とおく．すなわち，すべての $\mu=\{h, v, d\}$ に対して同一の閾値を選ぶことにする．ここに

$$\delta^{s}_{\lambda}(x)=\mathrm{sgn}\,(x)\cdot(|x|-\lambda)_{+} \tag{5.50}$$

は軟閾値を表す（3.6 節を参照）．このとき次の結果を得る．

定理 5.12 $\lambda_T=2\cdot\log(T)\cdot T^{-1/2}$ とし，$\mathcal{F}=B^{\sigma}_{p,q}(c)$ をベソフ空間（Besov space）$B^{\sigma}_{p,q}$ における１つの球とする．ただし，p, σ は，$p\geqq1$ かつ $\sigma>1/p$，あるいは $\sigma, p\geqq1$ のいずれかを満たしているとする．このとき

$$\hat{f}_J(u, \lambda)=C_{00}+\sum_{j=0}^{J-1}\sum_{k=0}^{2^j-1}\sum_{\mu=h,v,d}\tilde{d}^{s\mu}_{j,k}\Psi^{\mu}_{j,k}(u, \lambda)$$

とおくと

$$\sup_{f\in\mathcal{F}}\{E[\|\hat{f}_J-f\|^2_{L^2(\Pi)}]\}=O(T^{-2\sigma/(2\sigma+1)}\cdot(\log\,T)^2),\ \Pi=[-\pi, \pi] \tag{5.51}$$

が成立する．

ベソフ空間については 6.7 節を参照されたい．

Von Sacks, R. and Schneider, K (1995, 1996) において，受取る信号の例として移動無線伝送から生ずる興味ある例，$c\cdot\cos(2\pi\lambda(\alpha)t+\phi)$，ここに ϕ はランダムに変動する位相を表し $\lambda(\alpha)=\lambda_c+\lambda_m\cdot\cos\alpha$，が議論されている．

詳細は，von Sacks, R. and Schneider, K.（1995）（Wavelet smoothing of evolutionary spectra by non-linear thresholding. Fachbereich Mathematik, Universität Kaiserslautern. Preprint）を参照されたい．

5.7 隠れ周期のウエーブレットによる検出

1. モ デ ル

時系列 $y(t)$ は次のモデルにしたがっているとする．

$$y(t)=\sum_{l=1}^{q}\alpha_l\exp(it\lambda_l)+\xi(t),\ t=0, 1, 2, \cdots$$

ここで，$-\pi<\lambda_1<\lambda_2<\cdots<\lambda_q\leqq\pi$, $q\geqq 1$ で，α_l, $l=1,2,\cdots,q$ は複素確率変数である．q は未知の整数とする．$\{\lambda_l\}^q$, $\{\alpha_l\}^q$ はそれぞれ未知の周波数およびランダムな振幅を表す．以下の仮定をおく．

（1）　$E\{|\alpha_l|^2\}<\infty$, $l=1,2,\cdots,q$．$\{\alpha_l\}$ は他の各々の確率変数とは無相関である．

（2）　$0<\alpha\leqq|\alpha_l|^2$, $l=1,2,\cdots,q$．α は既知の定数．

（3）　$\xi(t)$ は線形系列である．すなわち

$$\xi(t)=\sum_{l=0}^{\infty}d_l\varepsilon(t-l),\ \sum_{l=0}^{\infty}\sqrt{l}\,|d_l|<\infty$$

と表される．ここに，$\{\varepsilon(t)\}$ は平均0，分散 σ^2 の，独立で同一分布にしたがう (i.i.d.) 系列で，α_l, $l=1,2,\cdots,q$ とは無相関である．

マザーウエーブレットのフーリエ変換 $\hat{\psi}(\omega)$ は周波数領域において台が有界で $[-M,M]$ に含まれているとする（例えば1章で述べたメイエウエーブレット）．さらに

$$\int_{-M}^{M}\hat{\psi}(\omega)d\omega\neq 0$$

$$\int_{-M}^{M}|\hat{\psi}(\omega)|d\omega<\infty$$

が満たされているとする．

2.　主な結果

$\{y(t), 1\leqq t\leqq T\}$ を標本の一部とし

$$I_T(\lambda)=\frac{1}{2\pi T}\left|\sum_{t=1}^{T}y(t)\exp(-i\lambda t)\right|^2$$

$$w_{j,k}=\int_{-\pi}^{\pi}\psi_{j,k}^{per}(\lambda)I_T(\lambda)d\lambda$$

とおく．ここに，$\psi_{j,k}^{per}(\lambda)=\dfrac{1}{\sqrt{2\pi}}\sum_n\psi_{j,k}\left(\dfrac{\lambda+\pi}{2\pi}+n\right)$, $j\geqq 0$, $k\in I_j=\{0,1,\cdots,2^j-1\}$ は $L^2[-\pi,\pi]$ における周期直交ウエーブレット基底である（1章を参照）．

固定した j に対して

$$I(\lambda_l,2^{-2j})=\left\{k:\left|\frac{k}{2^j}2\pi-\pi-\lambda_l\right|<2^{-2j},\ \text{または}\ \left|\frac{k}{2^j}2\pi-\pi-\lambda_l\right|>2\pi-2^{-2j},\ k\in I_j\right\}$$

$$A_T=\bigcap_{l=1}^{q}\left\{k:2^{-j/2}\leqq\left|\frac{k}{2^j}2\pi-\pi-\lambda_l\right|\leqq 2\pi-2^{-j/2},\ k\in I_j\right\}$$

とおく．このとき次の結果が得られる．

定理 5.13　$\lim_{\substack{j\to\infty\\T\to\infty}}\frac{2^j}{T}=0, \lim_{\substack{j\to\infty\\T\to\infty}}\frac{2^j}{\sqrt{T\log T}}=\infty$ とする．このとき十分大なる j に対して

（1）　すべての $k\in I(\lambda_l, 2^{-2j})$ について

$$w_{j,k}=\frac{2^{j/2}|\alpha_l|^2}{2\pi}\int_{-M}^{M}\hat{\psi}(\omega)d\omega+o(2^{j/2})$$

（2）　すべての $k\in A_T$ について，$w_{j,k}=o(2^{j/2})$

3.　シミュレーション

定理 5.13 より次のことがわかる．十分大なる j, T に対して，$(k/2^j)2\pi-\pi$ が λ_l の近傍に入っていれば経験ウエーブレット係数 $w_{j,k}$ はその絶対値が有意に大となり，また逆に $(k/2^j)2\pi-\pi$ が λ_l と適当な距離をおいて離れているならば $w_{j,k}$ は相対的に絶対値が小となる．

実際の応用の場面では，もし $j\to\infty$ のとき $2^{-j/2}w_{j,k(j)}$ が定数 $(\neq 0)$ となるならば，定理 5.13 によって $(k(j)/2^j)2\pi-\pi=\hat{\lambda}_j$ を隠れ周期の推定値として考えることができる．

例として次のモデルを考える．

$$y(t)=2.5e^{i\lambda_1 t}+2.5e^{i\lambda_2 t}+\varepsilon(t),\ \ t=1, 2, \cdots, 512$$

ここに $\lambda_1=-0.3, \lambda_2=0.3$ は未知の周波数とし，$\varepsilon(t)$ は i.i.d. $N(0, 0.2^2)$ 系列とする．

$$MW(j)=\max_{k\in I_j}(2^{-j/2}|w_{j,k}|)$$
$$k(j)=\arg\{MW(j)\}$$
$$\hat{\lambda}_j=(k(j)/2^j)2\pi-\pi$$
$$\bar{A}_T=\text{average}\left(|w_{j,k}|:k\in I_j\backslash\{k(j)\}\right)$$

とおく．このときメイエウエーブレットを用いたウエーブレット検出によって次の結果（表 5-1）が得られる．

表 5-1　隠れ周期の検出

j	5	6	7	8	9
$MW(j)$	0.84	0.86	0.85	0.72	0.74
$k(j)$	15；17	29；35	58；70	116；140	231；281
$\{\hat{\lambda}_j\}$	$\{-0.25, 0.25\}$	$\{-0.29, 0.29\}$	$\{-0.29, 0.29\}$	$\{-0.29, 0.29\}$	$\{-0.30, 0.30\}$
$\bar{A}_T$	0.27	0.17	0.05	0.01	0.004

表5-1から次のことがわかる．j が 5, 6, 7, 8, 9 と変化するとき，$\{k(j)\}$ に対応するウエーブレット係数の最大値 $\{MW(j)\}$ はほとんど一定値をとっている．また逆にその外側では対応する平均値 $\bar{A}_T$ は 0.27 から 0.004 へと減少している．この結果は定理 5.13 の主張と一致している．したがって表 5.1 から $\{-0.30, 0.30\}$ が観測モデルの 2 つの隠れ周期であると結論できる．

4.　時間に依存する振幅を持つモデルにおける周波数推定量の一致性

本項の内容は Shibata, R. and Takagiwa, M.（1997）を参照した．

（1）　モデルおよび数学的仮定

観測モデルは次の構造にしたがっているとする．

$$x(t)=\sum_{j=1}^{m}A_j(t)\exp\{i(\omega_j t+\phi_j)\}+\varepsilon(t)$$

ここに，$A_j(t), j=1, 2, \cdots, m$ は t の未知の滑らかな実数値非確率変数で，$\varepsilon(t)$ は平均 $E\{\varepsilon(t)\}=0$，分散 $E\{|\varepsilon(t)|^2\}=\sigma^2$ を持つ互いに独立な複素数値ノイズを表す．

周波数推定量の一致性を示すために次の仮定をおく．

条件1．マザーウエーブレット ψ_r はその台がコンパクトで，次数 $r-1$ までの消失モーメントを持つ．

条件2．振幅関数 $A(t)$ は連続微分可能で $A(0)\neq 0$ を満たし，サンプリング区間 $[t_0, t_1]$ 内の点 t^* の近傍において次数 s のリプシッツ条件を満たす，すなわち正定数 c が存在して t^* の近傍に属する任意の t, τ に対して

$$|A(t)-A(\tau)|\leqq c|t-\tau|^s$$

が成立する．

（2） 単一周波数モデル

$x(t)$ は

$$x(t)=A(t)\exp(i\omega^{(0)}t)+\varepsilon(t)$$

にしたがっているとし，観測標本 $\{x(k/N), k=-N, -(N-1), \cdots, N-1, N\}$ は区間 $[-1, 1]$ において得られるものとする．

$$T(a, b)=\sum_{k=-N}^{N} x\left(\frac{k}{N}\right)a^{-1/2}\overline{\psi\left(\frac{k-b}{a}\right)}$$

とおき，$\omega^{(0)}$ の最小 2 乗推定値 $\hat{\omega}$ を

$$\sum_{j=1}^{M}\left[\arg\{T(a_j, b_j)\}-\left(d_j+\frac{b_j}{N}\omega\right)\right]^2$$

を最小にする ω として定める．ここに，$d_j=\arg\left\{\int_{-N}^{N}\frac{1}{a_j}\overline{\psi\left(\frac{y-b_j}{a_j}\right)}dy\right\}$ で M は固定された整数である．

このとき，このようにして得られた推定量の一致性に関する主要な結果は次の定理で与えられる．

定理 5.14 $\psi(t)$ および $A(t)$ は $r=0$ で条件 1 を満たし，$s=1$ として条件 2 を満たしているとする．このとき 最小 2 乗推定量 $\hat{\omega}$ は，$a_j=\alpha_j N^{2/3}, b_j=\beta_j N^{1-\delta}, \delta>0$ なる任意の a_j, b_j に対して次数 $N^{(1/3)-\delta}$ の一致推定量である．特に $\beta_j\omega^{(0)}+d_j\in[-\pi, \pi), j=1, 2, \cdots, M$ のとき δ を 0 にとることができ，このとき一致性の次数は $N^{1/3}$ となる．

位相が 0 でない場合，すなわち

$$x(t)=A(t)\exp\{i(\omega^{(0)}t+\phi^{(0)})\}+\varepsilon(t)$$

なるモデルにおいては $\omega^{(0)}$，$\phi^{(0)}$ の最小 2 乗推定値はそれぞれ

$$\sum_{j=1}^{M}\left[\arg\{T(a_j, b_j)\}-\left(d_j+\phi+\frac{b_j}{N}\omega\right)\right]^2$$

を最小にする ω および ϕ の値として定められる．この場合も位相 0 の場合とは，少なくとも 2 つの相異なる b_j の値が選ばれなければならないということを除いては本質的な違いはない．次の定理が示される．

定理 5.15 定理 5.14 と同じ仮定のもとで，最小 2 乗推定量 $\hat{\omega}$ および $\hat{\phi}$ は $\delta>0$ に対して次数 $N^{(1/3)-\delta}$ の一致推定量である．ただし $M>1$ で $\phi^{(0)}+d_j\in[-\pi, \pi)$,

$j=1, 2, \cdots, M$ とする．特に $\beta_j\omega^{(0)}+\phi^{(0)}+d_j\in[-\pi, \pi)$ のとき $\delta=0$ ととることができ，$\hat{\omega}$ および $\hat{\phi}$ は次数 $N^{1/3}$ の一致推定量となる．

（3） 数 値 実 験

Shibata, R. and Takagiwa, M. (1997) は単一周期の場合における周期の検出についてのいくつかの数値シミュレーションを行っている．そこではウエーブレット ψ_0 として

$$\psi_0(t)=\begin{cases}1, & -1\leqq t<1\\ 0, & \text{その他}\end{cases}$$

をとり，2種類の振幅関数 $A(t)=2-|t|$ および $A(t)=2\exp(-t^2)$ を取り上げている．$\omega^{(0)}=1, M=6$，標本の大きさ $N=100, 1000, 10000$ の各々の場合についてそのシミュレーションの結果をみると $\hat{\omega}$ が良好な推定値を与えていることがわかる．さらに上記の論文において多重周波数検出問題，一致性およびそれらの数値シミュレーションについても述べられている．

本節の内容についての詳細は，Li, Y. and Xie, Z. (1997) (The wavelet detection of hidden periodicities in time series. Statist. Prob. Letters, **35**, 9–23), および Shibata, R. and Takagiwa, M. (1997) (Consistency of frequency estimates based on the wavelet transform. Jour. Time Ser. Anal., **18**(6), 641–662) を見られたい．

5.8　ウエーブレットに基づく再生核による密度関数の推定

1. はじめに

$x_1, x_2, \cdots x_N$ を確率密度関数 (p.d.f.) $f(x)$ を持つ分布からの独立な (i.i.d.) 観測値とする．次の形の推定量を考える．

$$\hat{f}(x)=\frac{1}{n}\sum_{i=1}^{n}K(x, x_i) \tag{5.59}$$

ここに，$K(x, y)$ は正定値で $K(x, y)=K(y, x)$ を満たすとする．このような核は再生核ヒルベルト空間 (reproducing kernel Hilbelt space (RKHS)) から自然に生じてくる (RKHS については6.9節を参照されたい)．

いま　$\cdots\subset V_{j-1}\subset V_j\subset V_{j+1}\subset\cdots, j\in\boldsymbol{Z}$ をMRAとし，$\varphi(x)$ をスケーリング関

数，W_j を V_j の V_{j+1} における直交補空間，$\psi(x)$ をマザーウエーブレットとする．

$L^2(\boldsymbol{R})$ に属する関数 $f(x)$ の V_j 上への射影は

$$P_h f(x) = \int_{\boldsymbol{R}} K_h(x, y) f(y) dy$$

によって与えられる．ここで

$$K_h(x, y) = \frac{1}{h} K\left(\frac{x}{h}, \frac{y}{h}\right)$$

$$K(x, y) = \sum_{k \in \boldsymbol{Z}} \varphi(x-k) \varphi(y-k) \tag{5.60}$$

で，$h = 2^{-j}, j \in \boldsymbol{Z}$ である．射影核に基づいた密度関数推定量

$$\hat{f}(x) = \frac{1}{n} \sum_{i=1}^{n} K_h(x, x_i) = \frac{1}{nh} \sum_{i=1}^{n} K\left(\frac{x}{h}, \frac{x_i}{h}\right) \tag{5.61}$$

は，Kerkyacharian and Picard（1992）において提案された．Kerkyacharian and Picard（1992）では有効な帯域幅として $h = 2^{-j}, j \in \boldsymbol{Z}$ がとられた．

2. 準　　備

定義 5.13　核 $K(x, y)$ は条件

$$\int_{\boldsymbol{R}} K(x, y) \cdot y^l dy = \begin{cases} 1, & l = 0 \\ x^l, & l = 1, 2, \cdots, m-1 \\ \alpha(x) \neq x^m, & l = m \end{cases} \tag{5.62}$$

を満たすとき，次数 m の核と呼ばれる．すでに述べたことであるが，マザーウエーブレット $\psi(t)$ は次のモーメント条件

$$\int_{\boldsymbol{R}} y^l \psi(y) dy = 0, \ l = 0, 1, \cdots, m-1$$

$$\int_{\boldsymbol{R}} y^m \psi(y) dy \neq 0 \tag{5.63}$$

を満たすとき，次数 m の消失モーメントを持つといわれる．

命題 5.7　$\psi(x)$ が次数 m の消失モーメントを持つための必要十分条件は，$\psi(x)$ に対応する射影核 $K(x, y)$（(5.60) を参照）が次数 m であることである．

ここで，ウエーブレット部分空間 V_j は唯一の再生核 $K_{2^{-j}}(x, y)$ を持つ RKHS の 1 つであることを注意しておこう．

定義 5.14　MRA $\{V_j\}$ は，V_0 上への射影核が

$$K(-x, y)=K(x, -y)$$

を満たすとき対称であるといわれる．

3. 主要結果

定理 5.16　$f(x)$ は適当な $\alpha>0, A>0$ に対して関数空間

$$\mathrm{Lip}^{m,\alpha}(\boldsymbol{R})=\{f\in C^m(\boldsymbol{R}): |f^{(m)}(x)-f^{(m)}(y)|\leqq A|x-y|^{\alpha},\ x, y\in\boldsymbol{R}\} \tag{5.64}$$

に属しているとする．核は次の局所性を持つとする．ある $c>0$ に対して

$$\int_{\boldsymbol{R}}|K(x, y)(y-x)^{m+\alpha}|dy\leqq c \tag{5.65}$$

さらに $n\to\infty$ のとき，$h\to 0$ かつ $nh\to\infty$ であるとする．このとき固定した x に対して

$$E\{\hat{f}(x)\}=f(x)-\frac{1}{m!}f^{(m)}b_m\left(\frac{x}{h}\right)^m h^m+O(h^{m+\alpha}) \tag{5.66}$$

が成り立つ．ここに，$b_m(x)=x^m-\int_{\boldsymbol{R}}K(x, y)\cdot y^m dy$ である．

さらに $f^{(m)}$ が $L^2(\boldsymbol{R})$ の要素のとき，偏りの2乗の積分について

$$\|E\{\hat{f}\}-f\|_{L^2}^2=\frac{b_{2m}}{(2m)!}\|f^{(m)}\|_{L^2}^2\, h^{2m}+O(h^{2(m+\alpha)}) \tag{5.67}$$

が成立する．ここで $b_{2m}=(2m)!(m!)^{-2}\int_0^1 b_m^2(x)dx$ である．

($K(x, y)$ が次数 m のとき，$h>0$ に対して $x^m-\int_{\boldsymbol{R}}K_h(x, y)y^m dy=h^m\cdot b_m(x/h)$ である．)

例 1　(バトル-ルマリエ (Battle-Lemarie) スプラインウエーブレット)

$$b_m(x)=B_m(x),\ x\in(0, 1)\,;\ b_{2m}=|B_{2m}|$$

ここで，$B_m(x)$ は m 次ベルヌーイ多項式で B_{2m} は $2m$ 次ベルヌーイ数を表す (ベルヌーイ多項式，ベルヌーイ数については，6.8節を参照されたい)．

例 2　(ドベシィのウエーブレット)

${}_N\varphi(x)$ を区間 $[0, 2N-1]$ 上でサポートされたドベシィのスケーリング関数で，${}_N\varphi$ システムは次数 $m=n$ を持つとする．このとき $b_N(x)$ は次式で与えられる．

$$b_N(x)=x^N-\sum_{l=0}^{N}{}_NC_l a_N^l \Phi_N^{N-l}(x)$$

ここで，$a_N^l=\int_0^{2N-1}{}_N\varphi(x)\cdot x^l\cdot dx$, $\Phi_N^{N-1}(x)=\sum_{k=-2N+2}^{0}k^{N-1}\cdot{}_N\varphi(x-k)$ である．

($N=1$ の場合はハールウエーブレットに対応し，$b_1(x)$ は単に 1 番目のベルヌーイ多項式となる．)

定理 5.17 $f(x)\in C^1(\boldsymbol{R})$ とし，$f(x), f'(x)$ は一様有界とする．このとき，固定された x に対して

$$\mathrm{Var}\,(\hat{f}(x))=\frac{1}{nh}f(x)\cdot V\left(\frac{x}{h}\right)+O\left(\frac{1}{n}\right) \tag{5.68}$$

が成り立つ．ここに $V(x)=\int_{\boldsymbol{R}}K^2(x,y)dy=K(x,x)$ である．

さらに分散の積分について

$$\int_{\boldsymbol{R}}\mathrm{Var}\,(\hat{f}(x))dx=\frac{v}{nh}+O\left(\frac{1}{n}\right)$$

が成り立つ．ここで $v=\int_0^1 V(x)dx$ である．

Huang, Su-Yun (1999) はいくつかの核について有効性を比較した結果，ウエーブレットを用いることの長所は多くの場合，関数が至るところでは滑らかでなく，大域的な意味でのみ滑らかである状況において現れることを結論づけている．しかしながらスプラインウエーブレット（バトル-ルマリエウエーブレット）は，伝統的なたたみ込み核（convolution kernel）と同様の平滑効果を持つと同時に，一方ではウエーブレットの望ましい性質をも保持していることは注目すべき事柄である．

Daubechies (1992) は RKHS の特別な場合として，帯域制限関数（band-limitted function）という興味のある例を導入した．すなわち $B_\Omega=\{f\in L^2(\boldsymbol{R});\ \mathrm{supp}\,\hat{f}\subset[-\Omega,\Omega]\}$ とおくと，B_Ω は核 $R(\cdot,x)=\dfrac{\sin\{\Omega(x-\cdot)\}}{\pi(x-\cdot)}$ を持つ RKHS であると考えられる．実際，

1．$f\in B_\Omega$ は $\boldsymbol{R}$ 上の複素数値関数である．

2．$R(y,x)$ は $\boldsymbol{R}\times\boldsymbol{R}$ 上で定義され

　a．各 $x\in\boldsymbol{R}$ に対して $R(\cdot,x)\in B_\Omega$ である．なぜなら

$$\hat{R}(\cdot, x)=\begin{cases}(2\pi)^{-1/2}e^{-ix\omega}, & |\omega|<\Omega \\ 0, & |\omega|\geqq\Omega\end{cases}$$

となることから．

b．$f\in B_\Omega$ に対して

$$f(x)=\frac{1}{\sqrt{2\pi}}\int_{-\Omega}^{\Omega}e^{ix\omega}\hat{f}(\omega)d\omega$$
$$=\int_{\boldsymbol{R}}f(y)\frac{\sin\Omega(x-y)}{\pi(x-y)}dy=\langle f(\cdot), R(\cdot, x)\rangle$$

が成り立つ．

MRA に対しては，適当な数学的な仮定のもとで，V_m は RKHS をなすことがわかる（Walter (1992)）．V_0 の再生核は

$$K(x, t)=\sum_n\overline{\varphi(x-n)}\varphi(t-n)$$

で与えられる．ここに $\varphi(x)$ はスケーリング関数を表す．V_m の再生核は V_0 の再生核を用いて

$$K_m(x, t)=2^mK(2^mx, 2^mt)$$

によって与えられる．W_m を V_m の V_{m+1} における直交補空間とすると，W_m は RKHS でその再生核は

$$K_m^W(x, t)=2^m\sum_n\overline{\psi(2^mx-n)}\psi(2^mt-n)$$

で与えられる．ここに $\psi(t)$ はマザーウエーブレット関数を表す．

詳細は，Huang, Su-Yun (1999)（Density estimation by wavelet-based reproducing kernels. Statistica Sinica, **9**, 137-151）を参照されたい．

5.9　ウエーブレットネットワーク

1.　ノンパラメトリック回帰関数

x, y はそれぞれ $\boldsymbol{R}^d$ および $\boldsymbol{R}$ に値をとる確率変数で，モデル

$$y=f(x)+e$$

を満たしているとする．ここに f は未知の関数で，e は x とは独立なホワイトノイズである．

$X=\{x_1, \cdots, x_N\}$, $Y=\{y_1, \cdots, y_N\}$ をトレーニングデータセットと呼ばれる標本

データとする．

定義 5.16 関数 f: $\boldsymbol{R}^d \to \boldsymbol{R}$ について，関数 g: $\boldsymbol{R} \to \boldsymbol{R}$ が存在して，任意の $x \in \boldsymbol{R}^d$ に対して $f(x)=g(\|x\|)$ が成り立つとき，f は放射状（radial）であるといわれる．ここで $\|x\|$ は x のユークリッドノルムを表す．

ある関数 $\psi(x), x \in \boldsymbol{R}^d$ が放射状のとき，そのフーリエ変換 $\hat{\psi}(\omega)$ は同じく放射状となる．$\hat{\psi}(\omega)=\eta(\|\omega\|)$, η: $\boldsymbol{R} \to \boldsymbol{R}$ は1変数関数としたとき

$$C_\psi=(2\pi)^d \int_0^\infty \frac{|\eta(\xi)|^2}{\xi} d\xi < \infty \tag{5.69}$$

であれば，ψ はウエーブレット関数として許容的である．このとき $f \in L^2(\boldsymbol{R}^d)$ に対してその（連続）ウエーブレット変換は

$$w(a, t)=\int_{\boldsymbol{R}^d} f(x) a^{-d/2} \psi\left(\frac{x-t}{a}\right) dx \tag{5.70}$$

で定義される．また f は逆ウエーブレット変換

$$f(x)=\frac{1}{C_\psi}\int_0^\infty a^{-(d+1)} \int_{\boldsymbol{R}^d} w(a, t) a^{-d/2} \psi\left(\frac{x-t}{a}\right) dt da, \ a \in \boldsymbol{R}_+, \ t \in \boldsymbol{R}^d \tag{5.71}$$

によって再構成される．

逆離散ウエーブレット変換は

$$f(x)=\sum_i w_i a_i^{-d/2} \psi\left(\frac{x-t_i}{a_i}\right) \tag{5.72}$$

で定義される．

いま $\{(a_n, t_m)=(\alpha^n, m\beta\alpha^n)$: $n \in \boldsymbol{Z}$, $m \in \boldsymbol{Z}^d\}$ ととる．ここで，スカラーパラメータ α, β はそれぞれ伸張および平行移動の離散化のステップの大きさを定めるものである（代表的なものは $\alpha=2, \beta=1$ である）．このとき $\{a_i^{-d/2}\psi((x-t_l)/a_i)$: $i, l \in \boldsymbol{Z}\}$ は $L^2(\boldsymbol{R}^d)$ の直交基底あるいはウエーブレットフレーム系をなすものとする．

適合的な離散化の基本的な考えは，$f(x)$ におけるパラメータ w_i, a_i, t_i をデータ標本集合 (X, Y) にしたがって決定することにある．この問題はニューラルネットワークトレーニングにおける問題に非常によく似ている．

F を $L^2(\boldsymbol{R}^d)$ の放射状ウエーブレットフレーム

$$F=\{\psi_{m,n}(x)=\alpha^{-dn/2}\psi(\alpha^{-n}x-m\beta) : n \in \boldsymbol{Z}, m \in \boldsymbol{Z}^d\} \tag{5.73}$$

とする．ここに ψ: $\boldsymbol{R}^d \to \boldsymbol{R}$ は放射状ウエーブレット関数で α および β はそれぞ

れ伸張および平行移動のステップの大きさ（例えば $\alpha=2, \beta=1$）を表す．

いま，$\psi_{m,n}(x)$ の台がコンパクトのとき $S_{m,n}=\{x\in \boldsymbol{R}^d, \psi_{m,n}(x)\neq 0\}$ とおく．各 $x_k\in X$ について

$$I_k=\{(m, n) : x_k\in S_{m,n}\} \tag{5.74}$$

とおくと，$I_k, k=1, 2, \cdots, N$ の合併はその台が少なくとも1つのデータ点を含むウエーブレットの指標群を与える．

$$W=\left\{\psi_{m,n} : (m, n)\in \bigcup_{k=1}^{N} I_k\right\} \tag{5.75}$$

あるいは便宜上 $W=\{\psi_1, \psi_2, \cdots, \psi_L\}$ とおく．ここでは2重指標 (m, n) は単一指標 $j, 1\leqq j\leqq L$ に置き換えられている．

2.　ウエーブレットの個数選択

$$\Psi_j=\zeta_j\begin{pmatrix}\psi_j(x_1)\\ \psi_j(x_2)\\ \vdots \\ \psi_j(x_N)\end{pmatrix} \tag{5.76}$$

とおく．ここに $\psi_j\in W,\ j=1, 2, \cdots, L$；$x_k\in X,\ k=1, 2, \cdots, N, \zeta_j$ はスカラーで $\Psi_j'\Psi_j=1$ を満たすとする．

$$\underline{Y}=(y_1, y_2, \cdots, y_N)',\ y_k\in Y, k=1, 2, \cdots, N$$

とおく．f を推定するために W の“最良”部分集合を選ぶための発見的アルゴリズムを以下に述べる．部分集合の次元 S^* はいわゆる一般化交差確認（generalized cross-validation）

$$\mathrm{GCV}\,(s)=\frac{1}{N}\sum_{k=1}^{N}(\hat{f}_s(x_k)-y_k)^2+2\frac{S}{N}\sigma_e^2 \tag{5.77}$$

によって決定される．ここに，$\hat{f}_s$ はウエーブレットネットワーク，s はネットワークにおけるウエーブレットの個数，$(x_k, y_k)\in(X, Y)$，N は (X, Y) の長さ，σ_e^2 は回帰モデルにおけるノイズ e の分散で，実際の応用の場面では反復法によって推定される．

3.　例

興味のある例が Zhang（1997）で示されている．モデルとして

$$y_k = f(y_{k-1}, y_{k-2}, u_{k-1}) + e_k$$

を考える．ここで f は未知の非線形関数，e_k はモデリング誤差を表し，u_k は入力を表す．Zhang (1997) ではマザーウエーブレットとして“メキシカンハット”

$$\psi(x) = (d - \|x\|^2)e^{-\|x\|^2/2} \tag{5.78}$$

を選んでいる．ここに $\|x\|^2 = x'x,\ x \in \boldsymbol{R}^d$.

上記の論文で，ニューラルネットワーク (neural network) の推定結果が正規線形回帰と比較されており，ニューラルネットワーク法は線形回帰よりもはるかによいことが結論づけられている．

詳細は，Zhang, Q. (1997) (Using wavelet network in nonparametric estimation. IEEE Trans. on Neur. Net., 8(2), 227-236) を参照されたい．

5.10 閾値と時間遅れのウエーブレットによる同定

1. はじめに

自己励起閾値自己回帰モデル (self-exciting threshold autoregressive (SETAR) model) は次式で定義される．

$$x_t = \sum_{l=1}^{r+1}\left(b_0^{(l)} + \sum_{m=1}^{p_l} b_m^{(l)} x_{t-m} + \varepsilon_t^{(l)}\right) I_{(\lambda_{l-1}, \lambda_l]}(x_{t-d}) \tag{5.79}$$

ここで，各 l に対して $\{\varepsilon_t^{(l)}, t=1,2,\cdots\}$ は平均 0, 分散 σ_l^2, $l=1,2,\cdots,r+1$ の i.i.d. 確率変数で $\{\varepsilon_t^{(l)}, t=1,2,\cdots\}$, $l=1,2,\cdots r+1$ は互いに独立，また $\lambda_0=-\infty$, $\lambda_{r+1}=\infty$ である．p を既知の整数として $p_l \leqq p$ および $d \leqq p$ と仮定する．

いま $s > p_l$, $l=1,2,\cdots,r+1$ のとき $b_s^{(l)}=0$ とおくと，モデル (5.79) は

$$x_t = \sum_{l=1}^{r+1}\left(b_0^{(l)} + \sum_{m=1}^{p} b_m^{(l)} x_{t-m} + \varepsilon_t^{(l)}\right) I_{(\lambda_{l-1}, \lambda_l]}(x_{t-d}) \tag{5.80}$$

と表され，これを SETAR $(d, r; p)$ モデルと呼ぶ．ここで $\{\lambda_l\}$ は閾値 (threshold), d は時間遅れ (time delay) と呼ばれる．

SETAR $(d, r; p)$ モデルによって解決に成功した例の 1 つは太陽黒点データ (1749-1924) である (Tong (1990) を参照)．元のデータを Box-Cox 変換，$x_t = 2((w_t)^{1/2} - 1)$ により変換したデータ x_t は次の SETAR (8, 1 ; 11) モデルによく適合している．

$$x_t=\begin{cases}1.9191+0.8416x_{t-1}+0.0728x_{t-2}-0.3153x_{t-3}+0.1479x_{t-4}\\ \qquad -0.1985x_{t-5}-0.0005x_{t-6}+0.1876x_{t-7}-0.2701x_{t-8}\\ \qquad +0.2116x_{t-9}+0.0091x_{t-10}+0.0873x_{t-11}+\varepsilon_t^{(1)},\\ \qquad\qquad x_{t-8}\leqq 11.9824 \text{ のとき},\\ 4.2746+1.4431x_{t-1}-0.8408x_{t-2}+0.0554x_{t-3}+\varepsilon_t^{(2)},\\ \qquad\qquad x_{t-8}>11.9824 \text{ のとき}.\end{cases}$$

ここで，閾値は $\lambda=11.9824$，時間遅れは $d=8$ である．

以下では常にモデル（5.80）に基づいて議論を行う．いま

$$T(\underline{x})=\sum_{l=1}^{r+1}\left(b_0^{(l)}+\sum_{m=1}^{p}b_m^{(l)}x_m\right)I_{(\lambda_{l-1},\lambda_l]}(x_d) \tag{5.81}$$

$\underline{x}=(x_1, x_2, \cdots, x_p)'$, $\underline{x}_t=(x_t, x_{t-1}, \cdots, x_{t-p+1})'$, $\underline{\varepsilon}_t=(\varepsilon_t^{(1)}, \varepsilon_t^{(2)}, \cdots, \varepsilon_t^{(r+1)})'$, $\underline{\alpha}(\underline{x}_{t-1})=(I_{(-\infty,\lambda_1]}(x_{t-d}), I_{(\lambda_1,\lambda_2]}(x_{t-d}), \cdots, I_{(\lambda_{r-1},\lambda_r]}(x_{t-d}), I_{(\lambda_r,\infty)}(x_{t-d}))'$ とおく．このとき（5.80）は簡潔に

$$x_t=T(\underline{x}_{t-1})+\underline{\alpha}(\underline{x}_{t-1})'\underline{\varepsilon}_t \tag{5.82}$$

と書ける．

2. 準　　備

a, b を既知の定数，p を既知の整数とする．$d, r, \lambda_l, l=1,2,\cdots,r$ は未知の定数で，$-\infty<a<\lambda_1<\lambda_2<\cdots<\lambda_r<b<\infty$ および $1\leqq d\leqq p$ を満たしているとする．$\{x_t\}, \{\varepsilon_t^{(l)}\}$ について次の仮定をおく．

A 1．x_t は幾何的エルゴード過程．(Auestad and Tjøstheim (1990): Biometrika, **77**, pp. 669-687 を参照)

A 2．$\varepsilon_t^{(l)}$ および $\underline{x}_p=(x_p, x_{p-1}, \cdots, x_1)'$ の確率密度関数 g_l および f はそれぞれ $\boldsymbol{R}$ および $\boldsymbol{R}^p$ 上で有界である．g_l, f はそれぞれ $\boldsymbol{R}, \boldsymbol{R}^p$ の適当な開部分集合 U および U^p 上で0から有界である．ただし $[a,b]\subset U$ とする．すなわち

$$g_l(x),\ f(\underline{x})\leqq M_1,\ x\in\boldsymbol{R},\ \underline{x}\in\boldsymbol{R}^p$$
$$M_2\leqq g_l(x),\ f(\underline{x}),\ x\in U,\ \underline{x}\in U^p$$

が成り立つ．ここで $M_1>0, M_2>0$ は定数である．

A 3．マザーウエーブレット $\psi(t)$ はその台がコンパクトで $[-A,A], A>1$ に含まれていて $[-A,A]$ 上で有界変動，かつ $\psi(x)=0, x\in[-1,1]$ を満たす．さ

らに

$$\int_{-A}^{A}\psi(x)dx=0,\ \int_{-A}^{A}x\psi(x)dx=0,\ \int_{-A}^{A}\psi^2(x)dx<\infty,$$

$$\int_{1}^{A}\psi(x)dx\neq 0,\ \int_{1}^{A}x\psi(x)dx\neq 0$$

が成り立つ．

ウエーブレット $\psi(x)$，スケーリング関数 $\varphi(x)$ を用いて $L^2[a,b]$ における直交ウエーブレット基底 $\{\varphi_{l,k}^{per}, k\in I_l, \psi_{j,k}^{per}, k\in I_j, j\geqq l\}$ を次のように構成することができる．

$$\varphi_{l,k}^{per}(x)=(b-a)^{-1/2}\sum_{n}\varphi_{l,k}\left(\frac{x-a}{b-a}+n\right)$$

$$\psi_{j,k}^{per}(x)=(b-a)^{-1/2}\sum_{n}\psi_{j,k}\left(\frac{x-a}{b-a}+n\right)$$

とし，$I_j=\{0,1,2,\cdots,2^J-1\}$ とする（1.3 節を参照）．

このとき $f\in L^2[a,b]$ に対して

$$f(x)=\sum_{k\in I_l}\alpha_{l,k}\varphi_{l,k}^{per}(x)+\sum_{j\geqq l}\sum_{k\in I_j}\beta_{j,k}\psi_{j,k}^{per}(x)$$

と展開できる．ここに

$$\alpha_{l,k}=\int_a^b\varphi_{l,k}^{per}(x)f(x)dx,$$

$$\begin{aligned}\beta_{j,k}&=\int_a^b\psi_{j,k}^{per}(x)f(x)dx\\&=(b-a)^{1/2}2^{-j/2}\int_{-A}^{A}f\left(\frac{x+k}{2^j}(b-a)+a\right)\psi(x)dx\quad(2^{j-1}>A\text{ となる }j)\end{aligned}$$

である．

3. 主な結果

$\{x_t\}_1^N$ をモデル（5.80）から得られた標本とする．いま固定された j, j^* に対して

$$N_n(\underline{s})=\{l:1\leqq l\leqq n,\ \|\underline{x}_{l-1}-\underline{s}\|\leqq\delta_n,\ \underline{x}_{l-1}\leqq\underline{s}\}$$

$$n_{\underline{s}}={}^{\#}N_n(\underline{s})$$

$$I(s,\delta)=\left\{k:\left|a+\frac{k}{2^j}(b-a)-s\right|\leqq\delta\right\}$$

$$R_{j^*}=\left\{\underline{t}_{j^*}=(t_{j^*,1},\ t_{j^*,2},\ \cdots,\ t_{j^*,(p-1)})' : t_{j^*,l}=a+\frac{k_l}{2^{j^*}}(b-a),\ k_l\in I_{j^*}\right\} \tag{5.83}$$

とおく．ここに

$$\delta_n=n^{-1/(p+2)}$$
$$\underline{x}_{l-1}=(x_{l-1},\ x_{l-2},\ \cdots,\ x_{l-p})'$$
$$\underline{s}=(s_1,\ s_2,\ \cdots,\ s_p)' \tag{5.84}$$

で，$\|\cdot\|$ はユークリッドノルムを表す．

経験ウエーブレット係数は次式で定義される．

$$W_{j,k}^{(m)}(\underline{t}_{j^*})=\frac{1}{N}\sum_{i=1}^{N}\psi_{j,k}^{per}(s_i)\cdot\frac{1}{n_{m,i}}\sum_{l\in N_n(\underline{s}_{m,i})}x_l,\quad m=1,2,\cdots,p \tag{5.85}$$

ここで，$\underline{t}_{j^*}\in R_{j^*}$, $N=[n^{1/(p+2)}]$ で

$$\underline{s}_{m,i}=(t_{j^*,1},\ t_{j^*,2},\ \cdots,\ t_{j^*,(m-1)},\ s_i,\ t_{j^*,m},\ t_{j^*m+1},\ \cdots,\ t_{j^*,(p-1)})'$$
$$s_i=a+i\frac{b-a}{N},\ n_{m,i}={}^{\#}N_n(\underline{s}_{m,i}) \tag{5.86}$$

である．

(5.85)を導入する主な考え方は次の事実に基づいている．$\underline{t}\in[a,b]^{p-1}$ に対して $T(t_1,\cdots,t_{m-1},x,t_m,\cdots,t_{p-1})$, $x\in[a,b]$ のウエーブレット係数は

$$\beta_{j,k}^{(m)}(\underline{t})=\int_a^b T(t_1,\cdots,t_{m-1},x,t_m,\cdots,t_{p-1})\psi_{j,k}^{per}(x)dx \tag{5.87}$$

で与えられる．

次のことは容易に示される．$m\neq d$ のとき

$$\beta_{j,k}^{(m)}=0\quad(\text{すべての } \underline{t}\in[a,b]^{p-1}) \tag{5.88}$$

となる．さらに，$m=d$ のときは $\underline{t}_0\in[a,b]^{p-1}$ が存在して $\beta_{j,k}^{(d)}(\underline{t}_0)$ はその絶対値が精巧に設けられたスケール水準を越えた大きな値をとる．

(5.87)を離散化し，$T(\underline{x}_{t-1})$ を x_t におきかえることにより以下の定理を得る．

定理 5.19　A1〜A3を仮定する．また $\lim_{\substack{j\to\infty\\N\to\infty}}\frac{2^{3j}}{N}=0$ とする．このとき $j^*>0$ が存在して，$j\to\infty$ のとき

（1）　$\underline{t}_{j^*}^0\in R_{j^*}$ および j,k,j^* に無関係な定数 $C_0>0$ が存在して，$k\in I(\lambda_l, 2^{-j})$ に対して

$$|W_{j,k}^{(d)}(\underline{t}_{j^*}^0)| \geqq C_0 \cdot 2^{-3j/2}, \text{ a.s.}$$

（2）　$k \notin \bigcup_{l=1}^{r} I(\lambda_l, 2^{-j/2})$ のとき，$W_{j,k}^{(d)}(\underline{t}_{j^*}^0) = o(2^{-3j/2})$，a.s.

（3）　$m \neq d$ のとき，$\max_{\substack{k \in I_j \\ \underline{t}_{j^*} \in R_{j^*}}} |W_{j,k}^{(m)}(\underline{t}_{j^*})| = o(2^{-3j/2})$，a.s.

定理 5.19 における j^* に対して

$$E^0(j) = \{m : k \in I_j, \underline{t}_{j^*} \in R_{j^*} \text{ が存在して } |W_{j,k}^{(m)}(\underline{t}_{j^*})| \geqq C_0 \cdot 2^{-3j/2}, 1 \leqq m \leqq p\} \tag{5.89}$$

とおく．ここで，C_0 は定理 5.19 において定義されたものである．さらに

$$\hat{d} = \begin{cases} E^0(j) \text{ の中の任意の要素}, & E^0(j) \neq \phi \text{ のとき} \\ 0, & \text{その他} \end{cases} \tag{5.90}$$

と定める．このとき

定理 5.20　定理 5.19 の条件のもとで，j が十分大なるとき

$$\hat{d} = d, \quad \text{a.s.}$$

が成立する．

定理 5.19 の $\underline{t}_{j^*}^0$ に対して

$$E(j) = \{k : |W_{j,k}^{(\hat{d})}(\underline{t}_{j^*}^0)| \geqq C_0 2^{-3j/2}, k \in I_j\}$$

とおく．このとき，$\hat{d} \overset{\text{a.s.}}{\to} d$ だから $E(j) \to \{k : |W_{j,k}^{(d)}(\underline{t}_{j^*}^0)| \geqq C_0 2^{-3j/2}, k \in I_j\}$ $(j \to \infty$ のとき）である．

いま $E(j) = \{e_1, e_2, \cdots, e_m\}$ とおく．ただし $e_1 < e_2 < \cdots < e_m$ とする．$\rho = 2 \times 2^{j/2}$ に対して

$$\begin{aligned} E_1(j) &= \{e_l : 1 \leqq l \leqq m_1\} \\ E_2(j) &= \{e_l : m_1 < l \leqq m_2\} \\ &\vdots \\ E_q(j) &= \{e_l : m_{q-1} < l \leqq m_q\} \end{aligned} \tag{5.91}$$

とおく．ここで

$$m_1 = \max\{l : 1 \leqq l \leqq m, \ e_l \leqq e_1 + \rho\}$$

とし，もし $m_1 < m$ ならば

$$m_2 = \max\{l : m_1 < l \leqq m, e_l \leqq e_{m_1} + \rho\}$$

と定める．以下同様．

このとき $E(j)=\bigcup_{l=1}^{q} E_l(j)$ が成り立つ．(5.91) は $E(j)$ の ρ-分割（ρ-division）と呼ばれる．いま

$$\hat{r}=\begin{cases} q, & E(j)\neq\phi \text{ のとき} \\ 0, & \text{その他} \end{cases} \tag{5.92}$$

とおく．次に k_l を

$$|W_{j,k_l}^{(\hat{d})}(t_{j*}^0)|=\operatorname*{Max}_{k\in E_l(j)}|W_{j,k}^{(\hat{d})}(t_{j*}^0)|,\ l=1,2,\cdots,\hat{r} \tag{5.93}$$

を満たすものとし，

$$\hat{\lambda}_j=a+\frac{k_l}{2^j}(b-a) \tag{5.94}$$

とおく．このとき次の定理を得る．

定理 5.21　定理 5.19 の条件のもとで，$j\to\infty$ のとき

（1）　$\hat{r}\to r$, a. s.

（2）　$r>0$ に対して，$\hat{\lambda}_j\to\lambda_l$, a. s., $l=1,2,\cdots,r$.

4.　数値シミュレーション

（1）　次の2種類のモデルを考える．

$$x_t=\begin{cases} 0.4x_{t-1}+0.26x_{t-2}, & x_{t-2}\leqq 0.35 \text{ のとき}, \\ 0.2x_{t-1}-4.2x_{t-2}, & 0.35<x_{t-2}\leqq 0.5 \text{ のとき}, \\ 0.3x_{t-1}+0.6x_{t-2}, & 0.5<x_{t-2} \text{ のとき}, \end{cases} +\sigma\varepsilon_t \tag{5.95}$$

$(\sigma=0.2, 0.4, 0.5)$

$$x_t=\begin{cases} 0.4x_{t-1}+0.3x_{t-2}, & x_{t-1}\leqq 0.4 \text{ のとき}, \\ -4.6x_{t-1}+0.9x_{t-2}, & 0.4<x_{t-1}\leqq 0.55 \text{ のとき}, \\ 0.5x_{t-1}+0.2x_{t-2}, & 0.55<x_{t-1}\leqq 0.7 \text{ のとき}, \\ -2.8x_{t-1}+2.7x_{t-2}, & 0.7<x_{t-1}\leqq 0.85 \text{ のとき}, \\ 0.6x_{t-1}+0.3x_{t-2}, & 0.85<x_{t-1} \text{ のとき}, \end{cases} +\sigma\varepsilon_t \tag{5.96}$$

$(\sigma=0.4)$

$\{\varepsilon_t\}$ は i.i.d. $N(0,1)$ にしたがうホワイトノイズである．ウエーブレット ψ として

$$\psi(x)=\begin{cases} 5(x-1)^4, & 1\leqq x\leqq 2 \text{ のとき}, \\ \dfrac{20}{3}(x+1)^3+2(x+1)^2, & -2\leqq x\leqq -1 \text{ のとき}, \\ 0, & \text{その他} \end{cases} \tag{5.97}$$

をとる．解像度レベル $j=7$ として，それぞれのモデルについて，σ の値を変えたときの，経験ウエーブレット係数 $W_{j,k}^{(1)}$ および $W_{j,k}^{(2)}$ のグラフが図 5-1〜5-6 に示されている．例えば図 5-1，5-2 から $\hat{d}=2$ となり，$\hat{r}=2, \hat{\lambda}_1=0.35, \hat{\lambda}_2=0.5$ と推定される．同様に図 5-5，5-6 からもウエーブレットによる検出がうまく機能していることがわかる．

（2） 図 5-7，5-8 は太陽黒点データ ($n=176$) についてウエーブレット検出を解像度レベル $j=7$ で行ったものである．ψ は (5.97) で与えられたものを用い，$a=0.25, b=1.2$ としている．また元のデータに対し変換，$x_t=((w_t)^{1/2}-1)/10$ を行っている．さらに $p=11$ とし，$\underline{t_0}=(0.5, 0.5, 0.6, 0.7, 0.55, 0.4, 0.45, 0.65, 0.75, 0.5)'$ とおいている．図からもわかるが，この例では $\hat{d}=8$ と推定され，さらにただ 1 つの閾値 $\hat{\lambda}=12.15$ が見出される．この結果は，本節，1 項の中で述べた太陽黒点データについての Tong による SETAR (8, 1；11) モデル ($d=8$, $\lambda=11.9824$) に基本的に一致している．

詳細は，Li, Y. and Xie, Z. (1999) (The wavelet identification of thresholds and time delay of threshold AR models. Statist. Sinica, **9**(1), 153-166) を参照されたい．

5.11 次数 D の定常増分過程

定義 5.11 連続パラメータを持つ確率過程 $x(t)$ が次の性質を持つとき，$x(t)$ は次数 $D\in\boldsymbol{N}$ の（連続時間）定常増分過程（process with stationary increments (PSI) of order D）と呼ばれる．

任意の $(\tau,\tau')\in\boldsymbol{R}^2$ に対して，$\Delta^D x(t;\tau)$ と $\Delta^D x(t;\tau')$ は相互定常（mutually stationary）である．ここに

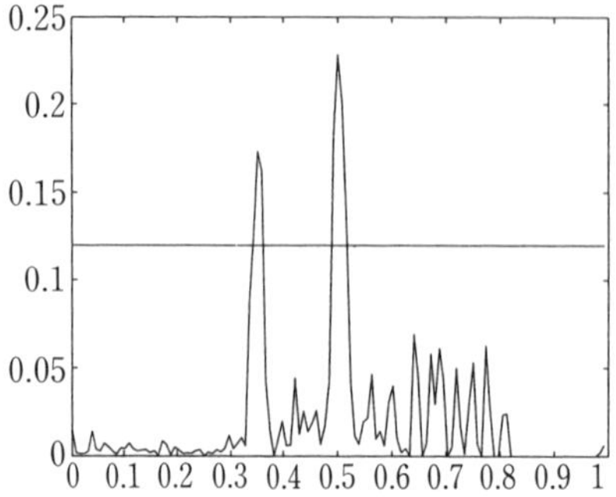

図 5-1　モデル(5.95)；$W_{j,k}^{(2)}$, $\sigma=0.2$

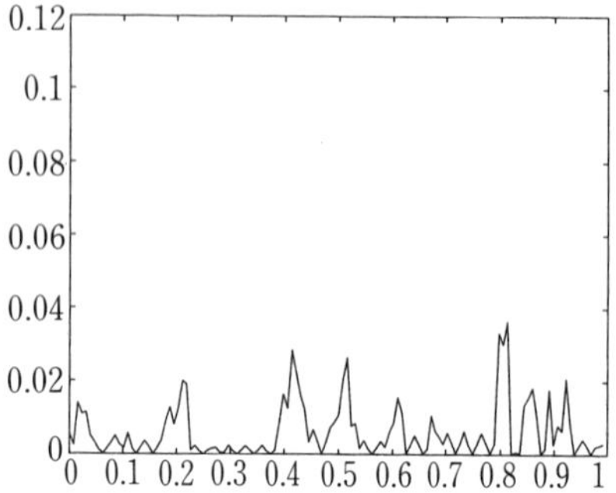

図 5-2　モデル(5.95)；$W_{j,k}^{(1)}$, $\sigma=0.2$

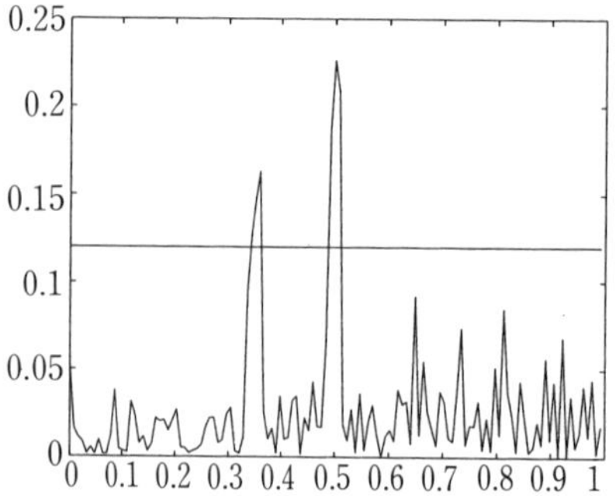

図 5-3　モデル(5.95)；$W_{j,k}^{(2)}$, $\sigma=0.4$

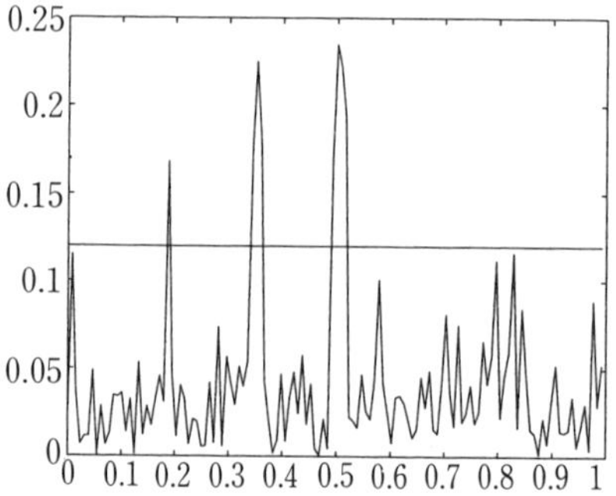

図 5-4　モデル(5.95)；$W_{j,k}^{(2)}$, $\sigma=0.5$

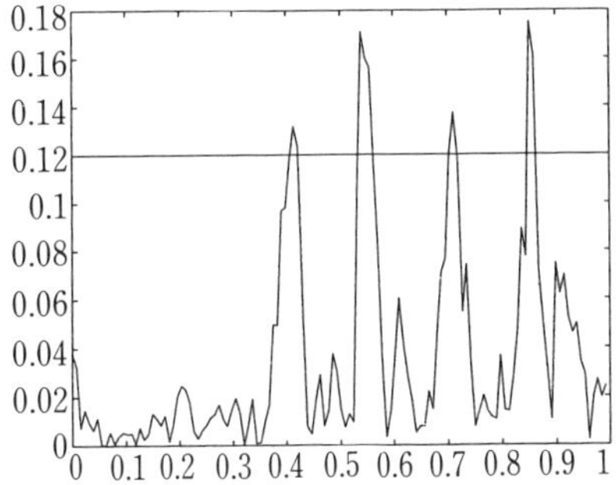

図 5-5　モデル(5.96)；$W_{j,k}^{(1)}$, $\sigma=0.4$

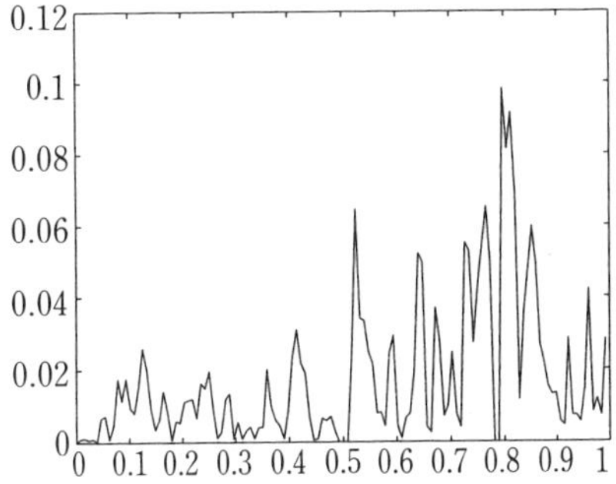

図 5-6　モデル(5.96)；$W_{j,k}^{(2)}$, $\sigma=0.4$

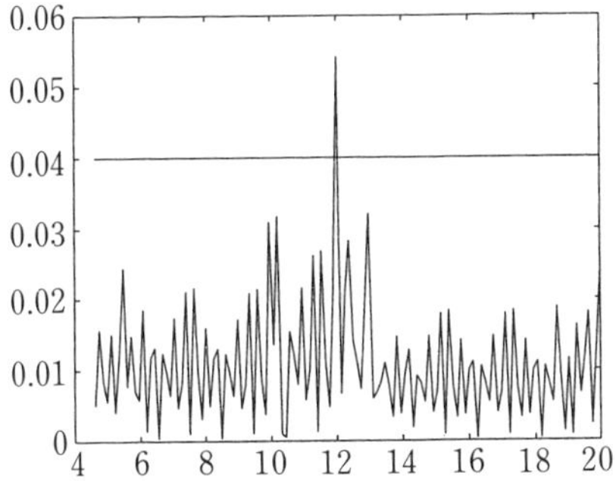

図 5-7　太陽黒点；$W_{j,k}^{(8)}$

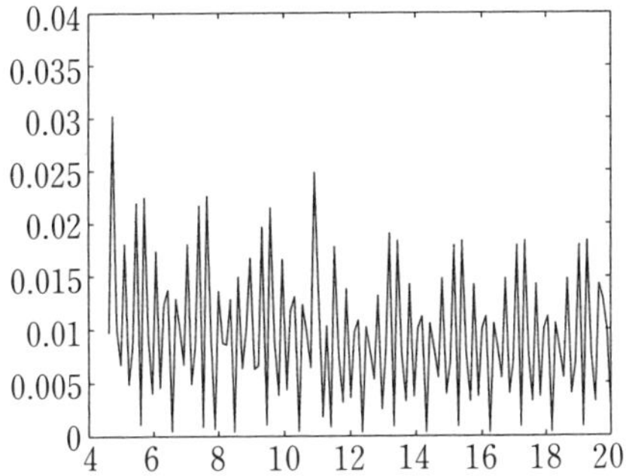

図 5-8　太陽黒点；$W_{j,k}^{(2)}$

$$\Delta^D x(t\,;\,\tau) \triangleq \sum_{p=0}^{D}(-1)^p\binom{D}{p}x(t-p\tau)$$

である．

次数1の定常増分過程の例としてFBMがよく知られている（2.4節および Mandelbrot, B. B. and van Ness, W. N.（1968）を参照）．

注意　一般に2つの確率過程 $\Delta^D x(t\,;\,\tau)$ と $\Delta^D y(t\,;\,\tau)$ について，すべての (t, u) について，

$$E\{\Delta^D x(t\,;\tau)\cdot\Delta^D y(u\,;\tau')\}$$

が $t-u$ のみに関係するとき，これらは相互定常であるという．

定義 5.12　離散パラメータを持つ2つの確率過程 $\{x_n\}_{n\in Z}$ と $\{y_n\}_{n\in Z}$ が次の条件を満たすとき，これらは次数 $D\in\boldsymbol{R}$ の相互定常増分過程（process with mutually stationary increments with order D）と呼ばれる．

任意の $(k, k')\in\boldsymbol{Z}^2$ に対して，$\{\Delta^D x(n\,;\,k)\}_{n\in Z}$ と $\{\Delta^D y(n\,;\,k'\}_{n\in Z}$ が L^2 の意味で存在し，それらは相互定常である．ここに

$$\Delta^D x(n\,;k) \triangleq x_n + \sum_{p=1}^{\infty}(-1)^p\cdot\frac{D(D-1)\cdots(D-p+1)}{p!}x_{n-kp}$$

である．

$\psi(t)\in L^2(\boldsymbol{R})$ をウエーブレット関数とする．確率過程 $x(t)$ に対して，

$$\tilde{W}_{2^j}^{\theta} = \frac{1}{\sqrt{2^j}}\int_{\boldsymbol{R}} x(t)\overline{\psi\left(\frac{t-\theta}{2^j}\right)}\,dt \tag{5.98}$$

とおく．$x(t)$ が2次過程のときは上記の積分は確率1で存在する．さらに

$$\int_{\boldsymbol{R}}\sqrt{E\{|x(t)|^2\}}\left|\psi\left(\frac{t-\theta}{2^j}\right)\right|\,dt<\infty$$

が成り立てば，(5.98)は2次の確率変数を定めることが知られている．

適当な条件のもとで，$\theta=2^jk,\ k\in\boldsymbol{Z}$ と制限することにより正規直交基底を構成することができる．

$$W_j^k = \tilde{W}_{2^j}^{k2^j} \tag{5.99}$$

とおく．これらは解像度 2^{-j} での，確率過程の詳細な特徴を示す係数である．

(5.98)，(5.99)で定義されたウエーブレット係数 $\{\tilde{W}_{2^j}^{\theta}\}, \{W_j^k\}$ と次数 D の PSI との間の関係について，非常に興味のある結果が Krim（1995）によって得られている．

定理 5.22　任意の $j_0 \in \boldsymbol{Z}$ に対して，r 次の消失性を持ったウエーブレット分解によって得られた，次数 $D \in \boldsymbol{N}$ の連続時間 PSI $x(t)$ のウエーブレット係数 $\{\tilde{W}_{2^{j_1}}^{k2^{j_0}}\}_{k \in \boldsymbol{Z}}$ および $\{\tilde{W}_{2^{j_2}}^{k2^{j_0}}\}_{k \in \boldsymbol{Z}}$ $(\min\{j_1, j_2\} > j_0)$ は，$r \leqq D-2$ のとき次数 $D-r-1$ の相互定常増分過程を持つ確率変数列となり，また $r \geqq D-1$ のときこれらは相互定常な確率変数列となる．

定理 5.23　定理 5.22 の仮定のもとで，各 $j > j_0$ に対して確率変数列 $\{W_j^k\}_{k \in \boldsymbol{Z}}$ は次数 $D-r-1$ の PSI である．したがって特に $r \geqq D-1$ のとき $\{W_j^k\}_{k \in \boldsymbol{Z}}$ は定常過程となる．

詳細は，Krim, H. (1995) (Multiresolution analysis of a class of non-stationary processes. IEEE Trans. Inform. Theory, **41**(4), 1010-1020) を参照されたい．

第6章 補足説明

本章では，前章までに述べられた内容を理解する上で参考となる事柄について簡単に説明する（章末の注釈を参照）．

6.1 フーリエ変換，逆フーリエ変換

$f \in L^1(\boldsymbol{R}^d)$ に対して

$$\hat{f}(\xi)=\frac{1}{(2\pi)^{d/2}}\int_{\boldsymbol{R}^d} e^{-i\langle\xi,x\rangle}f(x)dx, \quad \xi\in\boldsymbol{R}^d \tag{6.1}$$

を f のフーリエ変換と呼ぶ．$f \in L^1(\boldsymbol{R}^d)$ の逆フーリエ変換（フーリエ逆変換）は

$$f^{\vee}(x)=\frac{1}{(2\pi)^{d/2}}\int_{\boldsymbol{R}^d} f(\xi)e^{i\langle x,\xi\rangle}d\xi, \quad x\in\boldsymbol{R}^d \tag{6.2}$$

で定義される．$f \in L^2(\boldsymbol{R}^d)$ に対して，(6.1)，(6.2)は次のように拡張される．

$$\hat{f}(\xi)=\underset{n\to\infty}{\mathrm{l.i.m.}}\frac{1}{(2\pi)^{d/2}}\int_{|x|<n} e^{-i\langle\xi,x\rangle}f(x)dx \tag{6.3}$$

$$f^{\vee}(x)=\underset{n\to\infty}{\mathrm{l.i.m.}}\frac{1}{(2\pi)^{d/2}}\int_{|\xi|<n} e^{i\langle x,\xi\rangle}f(\xi)d\xi \tag{6.4}$$

をそれぞれ $f \in L^2(\boldsymbol{R}^d)$ のフーリエ変換および逆フーリエ変換と呼ぶ．ここで(6.3)，(6.4)式の右辺は L^2-収束を表す．本書では(6.3)，(6.4)の右辺を改めてそれぞれ(6.1)および(6.2)の右辺の式で表すことにする．$f \in L^1(\boldsymbol{R}^d)\cap L^2(\boldsymbol{R}^d)$ については(6.3)，(6.4)における l.i.m. は通常の極限に置き換わり，(6.3)および(6.4)の右辺はそれぞれ(6.1)および(6.2)の右辺に一致する．次の関係式はしばしば用いられる．

$$(\hat{f})^{\vee}=f, \quad (f^{\vee})^{\wedge}=f$$

6.2 プランシュレル(Planchrel)の定理

$f, g \in L^2(\boldsymbol{R}^d)$ に対して，これらの内積を

$$\langle f, g\rangle=\int_{\boldsymbol{R}^d} f(x)\overline{g(x)}\,dx$$

で定める．このとき

定理 **6.1**（プランシュレル）　$f, g\in L^2(\boldsymbol{R}^d)$ に対し，それらのフーリエ変換を $\hat{f}$, $\hat{g}$ としたとき

$$\langle f, g\rangle=\langle \hat{f}, \hat{g}\rangle \tag{6.5}$$

が成立する．

定理6.1は次の定理6.2と同値である．

定理 **6.2**　任意の $f\in L^2(\boldsymbol{R}^d)$ に対して

$$\|f\|=\|\hat{f}\|$$

が成立する（$\|\cdot\|$ は L^2 ノルムを表す）．

文献によっては定理6.2をプランシュレルの定理と呼び，(6.5)式をパーセバル（Parseval）の等式と呼んでいるものもある．

6.3　完全系について

$\boldsymbol{H}$ をヒルベルト空間，$\{\varphi_n\}\subset\boldsymbol{H}$ を正規直交系とする．このとき，$f\in\boldsymbol{H}$ に対して，すべての $n\geqq 1$ について $\langle f, \varphi_n\rangle=0$ ならば $f=0$ がしたがうとき，系 $\{\varphi_n\}$ は完全（complete）であるといわれる．完全系について次の定理がある．

定理 **6.3**　次の(i)〜(v)は互いに同値である．

(i)　$\{\varphi_n\}$ は完全である．

(ii)　$f, g\in\boldsymbol{H}$ について，すべての $n\geqq 1$ に対して $\langle f, \varphi_n\rangle=\langle g, \varphi_n\rangle$ ならば $f=g$ である．

(iii)　任意の $f\in\boldsymbol{H}$ に対して

$$f=\sum_{n=1}^{\infty}\alpha_n\varphi_n,\ \alpha_n=\langle f, \varphi_n\rangle$$

とフーリエ級数で表される．

(iv)　任意の $f, g\in\boldsymbol{H}$ について $\alpha_n=\langle f, \varphi_n\rangle$, $\beta_n=\langle g, \varphi_n\rangle$ とおくとき

$$\langle f, g\rangle=\sum_{n=1}^{\infty}\alpha_n\overline{\beta}_n$$

が成立する．

（v）　任意の $f\in \boldsymbol{H}$ に対して

$$\sum_{n=1}^{\infty}|\langle f, \varphi_n\rangle|^2=\|f\|^2 \quad \text{（パーセバルの等式）}$$

が成立する．

6.4　ボホナー(Bochner)の定理

定理 6.4（ボホナー）　$\varphi(x)$ を $\boldsymbol{R}^d$ 上で定義された任意の正の定符号関数とする．このとき $(\boldsymbol{R}^d, \mathbf{B}^d)$ 上の測度 μ がただ1つ存在して

$$\mu(\boldsymbol{R}^d)=\varphi(0),\ \varphi(x)=\int_{\boldsymbol{R}^d}e^{i<x,\xi>}d\mu(\xi)$$

が成立する．

定理 6.4 はキンチン-ボホナー（Khinchin-Bochner）の定理とも呼ばれる．

定義 6.1　$(\Omega, \mathcal{F}, P)$ を確率空間とし，$\{x(t): t\in T\}$ をその上で定義された（複素）確率過程とする．ここで，T は任意の添え字集合を表す．$\{x(t): t\in T\}$ が $E\{|x(t)|^2\}<\infty, t\in T$ を満たし

1．$E\{x(t)\}=a, \forall t\in T$　　(6.6)

2．$E\{(x(t)-E(x(t)))\overline{(x(s)-E(x(s)))}\}=R(t-s), \forall t, s\in T$　　(6.7)

を満たすとき，弱定常過程（weakly stationary process）または広義の定常過程（stationary process in the wide sense）と呼ばれる．(6.7) は次のように書き直すことができる．

$$E\{(x(t+\tau)-E(x(t+\tau)))\overline{(x(t)-E(x(t)))}\}=R(\tau), \quad \forall t, t+\tau\in T.$$

$R(\tau)$ を $\{x(t), t\in T\}$ の共分散関数（covariance function）と呼ぶ．また

$$B(\tau)=E\{x(t+\tau)\overline{x(t)}\}, \quad t, t+\tau\in T$$

は $\{x(t), t\in T\}$ の相関関数（correlation function）と呼ばれる．(6.6) における a が 0 の場合は共分散関数と相関関数は一致する．

定理 6.5（ウイーナー-キンチン（Wiener-Khinchin））　$\{x(t): t\in \boldsymbol{R}\}$ を実数を

添え字集合に持つ弱定常過程とし，$R(\tau)$ をその共分散関数とする．このとき $(\boldsymbol{R}, \mathbf{B}^1)$ 上の有限測度 $dF(\lambda)$ がただ1つ存在して

$$R(\tau)=\int_{\boldsymbol{R}} e^{i\tau\lambda} dF(\lambda), \quad \tau\in\boldsymbol{R}$$

と表される．もし $\int_{\boldsymbol{R}}|R(\tau)|d\tau<\infty$ であれば，$f(\lambda)=dF(\lambda)/d\lambda\geqq 0$ が存在して

$$R(\tau)=\int_{\boldsymbol{R}} e^{i\tau\lambda} f(\lambda)d\lambda, \quad \tau\in\boldsymbol{R}$$

と書ける．さらに

$$f(\lambda)=\int_{\boldsymbol{R}} e^{-i\tau\lambda} R(\tau)d\tau, \quad \lambda\in\boldsymbol{R}$$

が成り立つ．このような $f(\lambda)$ を $\{x(t), t\in\boldsymbol{R}\}$ のスペクトル密度関数（spectral density function）と呼ぶ．

定理 6.6（ウイーナー-キンチン）　$\{x(t): t=0, \pm1, \pm2, \cdots\}$ を弱定常系列とし，$R(\tau)$ をその共分散関数とする．このとき $([-\pi, \pi], \mathbf{B}^1\cap[-\pi, \pi])$ 上の有限測度 $dF(\lambda)$ がただ1つ存在して

$$R(\tau)=\int_{-\pi}^{\pi} e^{i\tau\lambda} dF(\lambda), \tau=0, \pm1, \pm2, \cdots$$

と表される．さらに，$\sum_{\tau\in\boldsymbol{Z}}|R(\tau)|<\infty$ が成り立てば，$dF(\lambda)/d\lambda=f(\lambda)\geqq 0$ が存在して

$$R(\tau)=\int_{-\pi}^{\pi} e^{i\tau\lambda} f(\lambda)d\lambda, \quad \tau=0, \pm1, \pm2, \cdots$$

と書ける．また

$$f(\lambda)=\frac{1}{2\pi}\sum_{\tau\in\boldsymbol{Z}} R(\tau)e^{-i\tau\lambda}, \quad \lambda\in[-\pi, \pi]$$

が成立する．このような $f(\lambda)$ は連続時間径数を持つ確率過程の場合と同様に $\{x(t): t=0, \pm1, \pm2, \cdots\}$ に対応するスペクトル密度関数と呼ばれる．

6.5　カルーネン(Karhunen)の定理

確率過程 $\{x(t): t\in T\}$ は，$E\{x(t)\}=0, E\{|x(t)^2|\}<\infty, t\in T$ を満たすとする．T は任意の添字集合を表す．$\{x(t): t\in T\}$ の共分散関数を $R(t, s)=$

$E\{x(t)\cdot\overline{x(s)}\}$ とする．このとき次の定理が示される．

定理 **6.7**（カルーネン）　$F(\Lambda)<\infty$ なる測度空間 $(\Lambda, \mathcal{B}(\Lambda), F)$ があって

$$R(t, s)=\int_{\Lambda} f(t, \lambda)\overline{f(s, \lambda)}\,dF, \quad t, s\in T$$

と表されているとする．このとき $(\Lambda, \mathcal{B}(\Lambda), F)$ 上の直交測度 $Z(\cdot), \cdot\in\mathcal{B}(\Lambda)$ が存在して

$$x(t)=\int_{\Lambda} f(t, \lambda)\,dZ, \quad t\in T$$

と表される．

6.6　キュミュラントについての性質

本節で述べる事柄の詳しい説明は，例えば Brillinger（1981）を見られたい．

定義 6.2　$(y_1, \cdots, y_r)$ は r 次元確率変数で，$E\{|y_k|^r\}<\infty, k=1, 2, \cdots, r$ を満たしているとする．ここで y_k は実数値または複素数値とする．このとき $(y_1, \cdots, y_r)$ の r 次の同時キュミュラントは

$$\mathrm{Cum}\{y_1, \cdots, y_r\}=\Sigma(-1)^{p-1}(p-1)!(E\{\prod_{j\in\nu_1} y_j\}\cdots(E\{\prod_{j\in\nu_p} y_j\}) \tag{6.8}$$

で定義される．ここで(6.8)式の右辺における和は集合 $(1, \cdots, r)$ のあらゆる可能な分割 $(\nu_1, \cdots, \nu_p)$, $p=1, 2, \cdots, r$ にわたるものである．

例えば実数値確率変数の場合，

$$r=1, \quad \mathrm{Cum}(y_1)=E(y_1)$$

$$r=2, \quad \mathrm{Cum}(y_1, y_2)=E(y_1y_2)-E(y_1)E(y_2)$$

$$r=3, \quad \mathrm{Cum}(y_1, y_2, y_3)=E(y_1y_2y_3)-(E(y_1)E(y_2y_3)+E(y_3)E(y_1y_3)+E(y_3)E(y_1y_2))+2E(y_1)E(y_2)E(y_3)$$

などとなる．

キュミュラントの同等な別の定義は，

定義 6.3　$\mathrm{Cum}\{y_1, \cdots, y_r\}$ は $\log(E\{e^{i\Sigma_{j=1}^{r} y_j t_j}\})$ の原点におけるテイラー級数展開における $(i)^r t_1\cdots t_r$ の係数である．

定義6.2および6.3から次の定理が容易に得られる．

定理 **6.8**　$(y_1, \cdots, y_r)$ は $E\{|y_k|^r\}<\infty$, $k=1, 2, \cdots, r$ を満たす実または複素数値 r 次元確率変数とする．このとき次の結果が成立する．

（1）　定数 $a_1, a_2, \cdots, a_r$ に対して $\mathrm{Cum}(a_1y_1, \cdots, a_ry_r)=a_1\cdots a_r\,\mathrm{Cum}(y_1, \cdots, y_r)$

（2）　$\mathrm{Cum}(y_1, \cdots, y_r)$ は各変数について対象

（3）　$(y_1, \cdots, y_r)$ の一部分の変数族が残りの部分からなる変数族と独立ならば $\mathrm{Cum}(y_1, \cdots, y_r)=0$

（4）　$E\{|z_1|^r\}<\infty$ を満たす確率変数 z_1 に対して

$$\mathrm{Cum}(y_1+z_1, \cdots, y_r)=\mathrm{Cum}(y_1, \cdots, y_r)+\mathrm{Cum}(z_1, \cdots, y_r)$$

（5）　任意の定数 c に対して

$$\mathrm{Cum}(y_1+c, \cdots, y_r)=\mathrm{Cum}(y_1, \cdots, y_r)$$

（6）　$(y_1, \cdots, y_r)$ と $(z_1, \cdots, z_r)$ が独立ならば

$$\mathrm{Cum}(y_1+z_1, \cdots, y_r+z_r)=\mathrm{Cum}(y_1, \cdots, y_r)+\mathrm{Cum}(z_1, \cdots, z_r)$$

（7）　複素確率変数 y_j, $j=1, 2, \cdots, r$ に対して

$$\mathrm{Cum}(y_j, \bar{y}_j)=\mathrm{Var}(y_j)$$

（8）　複素確率変数 (y_j, y_k), $j, k=1, 2, \cdots, r$ に対して

$$\mathrm{Cum}(y_j, \bar{y}_k)=\mathrm{Cov}(y_j, y_k)$$

非常に役に立つ公式は

$$\begin{aligned}&\mathrm{Cum}\Big(\sum_{u_1}a_{u_1}y_{u_1}, \sum_{u_2}a_{u_2}y_{u_2}, \cdots, \sum_{u_n}a_{u_n}y_{u_n}\Big)\\&=\sum_{u_1}\sum_{u_2}\cdots\sum_{u_n}a_{u_1}\cdots a_{u_n}\,\mathrm{Cum}(y_{u_1}, \cdots, y_{u_n})\end{aligned}\qquad(6.9)$$

である．これは定理6.8の（1），（4）から容易に示される．

定理 **6.9**　$\boldsymbol{Y}=(y_1, \cdots, y_r)$ は r 次元正規分布 $N_r(\mu_{yy}, \Sigma_{yy})$ にしたがう実確率ベクトルとする．このとき

$$\begin{aligned}&\mathrm{Cum}(y_j)=\mu_j,\ j=1, 2, \cdots, r\\&(\mathrm{Cum}(y_k, y_j))=\Sigma_{yy}\\&\mathrm{Cum}(y_{k_1}, \cdots, y_{k_n})\equiv 0,\ n\geqq 3\end{aligned}\qquad(6.10)$$

証明　$\boldsymbol{Y}$ の特性関数は

$$\varphi(\boldsymbol{t})=e^{i\boldsymbol{t}'\mu_{yy}-\frac{1}{2}\boldsymbol{t}'\Sigma_{yy}\boldsymbol{t}}$$

$$\log\varphi(\boldsymbol{t})=i\boldsymbol{t}'\mu_{yy}-\frac{1}{2}\boldsymbol{t}'\Sigma_{yy}\boldsymbol{t}$$

$$=i\sum_{j=1}^{r}t_j\mu_j-\frac{1}{2}\sum_j\sum_k\sigma_{jk}t_jt_k$$

で与えられる．ただし，$\Sigma=(\sigma_{jk})$．このことと定義6.3および定理6.8より(6.10)がしたがう． □

定理6.9は，正規確率変数の場合は2次より高い次数のキュミュラントはすべて0になるという非常に重要な結果を示している．逆に，r 次元確率変数 $\boldsymbol{Y}=(y_1,\cdots,y_r)$ について，その3次以上のキュミュラントがすべて0となるならば $\boldsymbol{Y}$ は正規分布にしたがうことが示される．ただし $\boldsymbol{Y}$ の特性関数を $\varphi_{Y}(t)$ としたとき，$\log\varphi_{Y}(t)$ は原点の周りでベキ級数展開可能であるとする．

6.7 ベソフ(Besov)空間

近年においてウエーブレット解析は数理統計学の多くの分野，特に確率過程の統計的推測の分野に導入されてきた．このような事情から研究者達はベソフ空間 $B^s_{p,q}$ における問題を多く議論してきている．ベソフ空間とはどのようなものなのか興味ある読者の便宜のため，本節においてベソフ空間の概念を簡単に説明しよう．それによって，読者はなぜ人々がウエーブレット解析を用いるときベソフ空間における問題を議論することが多いのかが理解できるであろう．

$f\in L^p(\boldsymbol{R}), 1\leqq p\leqq\infty$ とする．このとき

(1) $s\in(0,1), q\in[1,\infty)$ に対して

$$\gamma_{s,p,q}(f)=\left\{\int_{\boldsymbol{R}}\left(\frac{\|\tau_hf-f\|_{L^p}}{|h|^s}\right)^q\frac{dh}{|h|}\right\}^{1/q} \tag{6.11}$$

$$\tau_hf(x)=f(x-h)$$

および

$$\gamma_{s,p,\infty}(f)=\sup_{h\in\boldsymbol{R}}\frac{\|\tau_hf-f\|_{L^p}}{|h|^s} \tag{6.12}$$

と定める．このとき

$$f\in B^s_{p,q}\Leftrightarrow\gamma_{s,p,q}(f)<\infty, f\in L^p(\boldsymbol{R})$$

(2) $s=1$ に対して

$$\gamma_{1,p,q}(f)=\left\{\int_{\boldsymbol{R}}\left(\frac{\|\tau_h f+\tau_{-h}f-2f\|_{L^p}}{|h|}\right)^q\frac{dh}{|h|}\right\}^{1/q},\quad q\in[1,\infty)$$

$$\gamma_{1,p,\infty}(f)=\sup_{h\in\boldsymbol{R}}\frac{\|\tau_h f+\tau_{-h}f-2f\|_{L^p}}{|h|},\quad q=\infty \tag{6.13}$$

とおく．このとき

$$f\in B^s_{p,q}\Leftrightarrow\gamma_{1,p,q}(f)<\infty,\quad f\in L^p(\boldsymbol{R})$$

ベソフ空間 $B^s_{p,q}$ は $L^p(\boldsymbol{R})$ の部分集合であり，以下で定義される弱微分の意味での滑らかさによって特徴付けられる．

定義 6.4　$f\in L^p(\boldsymbol{R})$ は次の条件を満たすとき N 回弱微分可能（weakly differentiable）であるという．$g\in L^p(\boldsymbol{R})$ が存在して

$$\int_\Omega u_0^{(N)}(x)f(x)dx=(-1)^N\int_\Omega u_0(x)g(x)dx,\ \forall u_0\in C_0^\infty(\Omega) \tag{6.14}$$

ここに $\Omega\subset\boldsymbol{R}$ は開集合で，$C_0^\infty(\Omega)$ は Ω 上でコンパクトな台を持ち無限回微分可能な関数の全体を表す．(6.14) を満たす $g(x)$ を $f^{(N)}(x)$ と表し f の N 回弱微分と呼ぶ（f が通常の意味で N 回連続微分可能のときは，$f^{(N)}(x)$ は f の通常の N 回導関数に一致する）．

（3）　$s>1$ とする．このとき s は $s=m+\alpha$, $m\geqq1$ は整数，$\alpha\in(0,1]$ と書ける．このとき

$$f\in B^s_{p,q}\Leftrightarrow f^{(k)}\in B^\alpha_{p,q},\quad\forall k\in\{0,1,\cdots,m\} \tag{6.15}$$

ここに，$f^{(k)}$ は f の k 次弱微分である（$f^{(0)}=f$ とおく）．

（4）　ベソフ空間 $B^s_{p,q}$ のノルム．

$f\in B^s_{p,q}$ に対して

$$\|f\|^s_{p,q}\triangleq\|f\|_{L^p}+\gamma_{s,p,q}(f)\quad(s\in(0,1]\text{ のとき})$$

$$\|f\|^s_{p,q}\triangleq\|f\|_{L^p}+\sum_{k=0}^m\gamma_{\alpha,p,q}(f^{(k)})\quad(s=m+\alpha,\ m\geqq1,\ \alpha\in(0,1]\text{ のとき})$$

とおく．

（5）　$f\in L^2(\boldsymbol{R})\cap B^s_{2,,q}$ に対して

$$f=\sum_k\alpha_{0,k}\varphi_{0,k}+\sum_{l\geqq0}\sum_k\beta_{l,k}\psi_{l,k}\quad(L^2(\boldsymbol{R}))$$

と表される（1章を参照）．いま $s>0$, $p,q\in[1,\infty]$ に対して

$$|\!|\!|f|\!|\!|^s_{2,q}=\left(\sum_k|\alpha_{0,k}|^2\right)^{1/2}+\left[\sum_{l\geqq0}\left(2^{ls}\left(\sum_k|\beta_{l,k}|^2\right)^{1/2}\right)^q\right]^{1/q} \tag{6.16}$$

と定める．このとき

$$\exists M_1 > M_2 > 0\,;\ M_2 \cdot \|f\|^s_{2,q} \leqq \||f\||^s_{2,q} \leqq M_1 \cdot \|f\|^s_{2,q} \tag{6.17}$$

ウエーブレット手法においてベソフ空間を用いることの長所の 1 つは，上述のようにその空間のノルムがウエーブレット係数と密接に関連していることである．

6.8　ベルヌーイ数，ベルヌーイ多項式

（1）　ベルヌーイ数

$$\frac{t}{e^t-1} = \sum_{n=0}^{\infty} b_n \frac{t^n}{n!}$$

のとき，$t^n/n!$ の係数 b_n をベルヌーイ数と呼ぶ．文献によっては

$$B_n = (-1)^{n-1} b_{2n} \quad (n=1, 2, \cdots)$$

をベルヌーイ数と呼ぶこともある．B_n は次のような値をとる．

n	1	2	3	4	5	6	7	8
B_n	1/6	1/30	1/42	1/30	5/66	691/2730	7/6	3617/510

一般に次式が成立する．

$$1 + \frac{1}{2^{2n}} + \frac{1}{3^{2n}} + \frac{1}{4^{2n}} + \cdots + \frac{1}{m^{2n}} + \cdots = \frac{\pi^{2n} \cdot 2^{2n-1}}{(2n)!} B_n$$

（2）　ベルヌーイ多項式

$$\varphi_m(x) = \sum_{k=0}^{m} {}_mC_k b_k x^{m-k} \quad \left({}_mC_k = \binom{m}{k} = \frac{m!}{k!(m-k)!} \right)$$

を m 次ベルヌーイ多項式と呼ぶ．b_k はベルヌーイ数を表す．例えば

$$\varphi_0(x) = 1$$

$$\varphi_1(x) = x - \frac{1}{2}$$

$$\varphi_2(x) = x^2 - x + \frac{1}{6}$$

$$\varphi_3(x) = x^3 - \frac{3}{2}x^2 - \frac{1}{30}$$

$$\cdots$$

である．一般に

$$\varphi_n(x+1)=\varphi_n(x)+nx^{n-1}$$

$$\varphi_n(1-x)=(-1)^n\varphi_n(x)=\varphi_n(-x)$$

$$\frac{d^k}{dx^k}\varphi_n(x)=\frac{n!}{(n-k)!}\varphi_{n-k}(x)$$

$$\int_\alpha^x \varphi_n(t)dt=\frac{1}{n+1}[\varphi_{n+1}(x)-\varphi_{n+1}(\alpha)]$$

$$\varphi_n(0)=b_n=\varphi_n(1)$$

が成り立つ．

6.9　再生核ヒルベルト空間

定義 6.5　ヒルベルト空間 $\boldsymbol{H}$ が次の条件を満たすとき，$\boldsymbol{H}$ は再生核ヒルベルト空間（reproducing kernel Hilbert space (RKHS)）と呼ばれる．

（i）　$f\in\boldsymbol{H}$ は $T\subset\boldsymbol{R}$ 上で定義された複素数値数である．

（ii）　$T\times T$ 上で定義された関数 $R(t,s)$ が存在して

a．各 $s\in T$ に対して $R(\cdot,s)\in\boldsymbol{H}$

b．$\forall\varphi(\cdot)\in\boldsymbol{H}, \langle\varphi(\cdot), R(\cdot,s)\rangle=\varphi(s)$.　ここで $\langle\cdot,\cdot\rangle$ は $\boldsymbol{H}$ における内積を表す．

$R(t,s)$ は $\boldsymbol{H}$ の再生核関数と呼ばれる．

注意：

（1）　$R(\cdot,s)\in\boldsymbol{H}$ のみを仮定していることに注意されたい．

（2）　上記の定義における再生性の性質（ii）の b. は，よく知られたディラック関数の性質

$$\int\varphi(t)\delta(t-s)dt=\varphi(s)$$

と同様のものであることに注意すれば容易に理解できるであろう．

（3）　性質（ii）の a. によって $R(\cdot,t)\in\boldsymbol{H}$，したがって（ii）の b. から

$$\langle R(\cdot,t), R(\cdot,s)\rangle=R(s,t)$$

が成り立つ．さらに

$$\langle R(\cdot,t), R(\cdot,s)\rangle=\overline{\langle R(\cdot,s), R(\cdot,t)\rangle}=\overline{R(t,s)}$$

である．これより $R(s,t)=\overline{R(t,s)}$（共役対称）となり，$R(s,t)$ が実数である

ための必要十分は $R(s,t)=R(t,s)$ であることがわかる.

定理 6.6 $\boldsymbol{H}$ を T 上の複素数値関数からなるヒルベルト空間の1つとする. このとき, $\boldsymbol{H}$ が RKHS であるための必要十分条件は任意に固定された $s\in T$ に対して $\varphi(s)\,(\varphi\in\boldsymbol{H})$ が $\boldsymbol{H}$ 上の有界線形汎関数となることである. この条件が満たされるとき再生核 K は一意的に定まる.

実際, $\boldsymbol{H}$ が RKHS で再生核 R を持てば, 再生性から

$$\varphi(s)=\langle\varphi(\cdot),R(\cdot,s)\rangle$$

$$\langle\alpha\varphi_1+\beta\varphi_2,R(\cdot,s)\rangle=\alpha\langle\varphi_1(\cdot),R(\cdot,s)\rangle+\beta\langle\varphi_2(\cdot),R(\cdot,s)\rangle$$

$$=\alpha\varphi_1(s)+\beta\varphi_2(s)\qquad(\text{線形性})$$

$$|\varphi(s)|=|\langle\varphi(\cdot),R(\cdot,s)\rangle|\leqq\|R(\cdot,s)\|\cdot\|\varphi\|\leqq M_s\cdot\|\varphi\|\quad(\text{有界性})$$

が導かれる. ここに $M_s=\|R(\cdot,s)\|$.

RKHS についてのより詳しい事柄は Aronszajn (1950) を参照されたい.

6.10　(0.18)式の証明

証明すべきことは, 任意の $f\in L^2(\boldsymbol{R})$ に対して

$$\lim_{\substack{A_1\to 0\\ A_2,\,B\to\infty}}\left\|f-C_\psi^{-1}\iint_{\substack{A_1\leqq|a|\leqq A_2\\ |b|\leqq B}}\hat{f}(a,b)\psi^{a,b}\frac{dadb}{a^2}\right\|=0$$

となることである. 以下にその証明を述べる.

証明　$f\in L^2(\boldsymbol{R})$ をとる. このとき

$$\left\|f-C_\psi^{-1}\iint_{\substack{A_1\leqq|a|\leqq A_2\\ |b|\leqq B}}\hat{f}(a,b)\psi^{a,b}\frac{dadb}{a^2}\right\|$$

$$=\sup_{\substack{\|g\|=1\\ g\in L^2(\boldsymbol{R})}}\left|\left\langle f-C_\psi^{-1}\iint_{\substack{A_1\leqq|a|\leqq A_2\\ |b|\leqq B}}\hat{f}(a,b)\psi^{a,b}\frac{dadb}{a^2},g\right\rangle\right|$$

$$\leqq\sup_{\|g\|=1}\left|C_\psi^{-1}\iint_{\substack{|a|\geqq A_2\\ or\,|a|\leqq A_1\\ or\,|b|\geqq B}}\hat{f}(a,b)\overline{\hat{g}(a,b)}\frac{dadb}{a^2}\right|\tag{6.18}$$

である. ここでは定理 0.1 から

$$\langle f,g\rangle=C_\psi^{-1}\int_{\boldsymbol{R}}\int_{\boldsymbol{R}}\hat{f}(a,b)\overline{\hat{g}(a,b)}\frac{dadb}{a^2}$$

$$\langle\psi^{a,b},g\rangle=\overline{\langle g,\psi^{a,b}\rangle}=\overline{\hat{g}(a,b)}$$

が成り立つことが用いられている．さらに

$$C_\varphi^{-1}\int_R\int_R|\hat{g}(a, b)|^2\frac{dadb}{a^2}=C_\varphi^{-1}C_\varphi\langle g, g\rangle=\|g\|^2=1$$

に注意すると

$$(6.18)\leqq\sup_{\|g\|=1}\left[C_\varphi^{-1}\iint_{\substack{|a|\geqq A_2\\ or\,|a|\leqq A_1\\ or\,|b|\geqq B}}|\hat{f}(a, b)|^2\frac{dadb}{a^2}\right]^{1/2}\times\left[C_\varphi^{-1}\int_R\int_R|\hat{g}(a, b)|^2\frac{dadb}{a^2}\right]^{1/2}$$

$$\leqq C_\varphi^{-1}\iint_{\substack{|a|\geqq A_2\\ or\,|a|\leqq A_1\\ or\,|b|\geqq B}}|\hat{f}(a, b)|^2\frac{dadb}{a^2} \tag{6.19}$$

となる．ここで

$$C_\varphi^{-1}\int_R\int_R|\hat{f}(a, b)|^2\frac{dadb}{a^2}=\langle f, f\rangle=\|f\|^2<\infty$$

だから(6.19)の右辺は，$A_1\to 0, B\to\infty, A_2\to\infty$ のとき 0 に収束することがわかる．以上により(0.18)が示された．　□

6.11　定理 1.4 の証明

本節では定理 1.4 の証明の概略を述べる（詳細は Daubechies（1988）を見られたい）．

定理 1.4 の証明

（1）$\mu_0(x)$ を次式で定める．

$$\mu_0(x)=\begin{cases}1+x, & -1\leqq x\leqq 0\\ 1-x, & 0\leqq x\leqq 1\\ 0, & \text{その他}\end{cases}$$

各 $n=0, 1, 2, \cdots$ に対して $\{\mu_n\}$ を再帰的に

$$\mu_{n+1}(x)=\sqrt{2}\sum_{k\in Z}h_k\mu_n(2x-k)$$

と定義する．このとき，$\mu_n(x)$ のフーリエ変換は

$$\hat{\mu}_n(\omega)=\frac{1}{\sqrt{2\pi}}\left[\prod_{j=1}^{n}H(g^{-j}\omega)\right]\left[\frac{\sin(2^{-n-1}\omega)}{2^{-n-1}\omega}\right]^2$$

で与えられる．

（2）次に，$n\to\infty$ のとき $\hat{\mu}_n(\omega)$ はコンパクト集合上一様に

$$\hat{\varphi}(\omega) \triangleq \frac{1}{\sqrt{2\pi}} \prod_{j=1}^{\infty} H(2^{-j}\omega)$$

に収束することが示される．このことは条件(1.135)，(1.136)より，任意の $j \geqq 1, \omega \in \boldsymbol{R}$ に対して不等式

$$|H(2^{-j}\omega)-1| \leqq C \cdot \lambda^{-j}|\omega|^{a}$$

$$(\lambda=2^{a},\ a \triangleq \min(1, \varepsilon),\ C \text{ は定数})$$

が成り立つことから導かれる．

（3）　$\hat{\mu}_n \to \hat{\varphi} \quad (n \to \infty)$,　L^1- 収束

が示される．これを示す際に，条件(1.136)が本質的な役割を果す．

（4）　（3）の結果から

$$\mu_n \to \mu \quad (n \to \infty), \text{ 各点収束}$$

が導かれる．

（5）　任意に $x \in \boldsymbol{R}$ を固定する．このとき n を十分大にとると $k \in \boldsymbol{Z}$ が存在して，

$$|x-2^{-n}k| \leqq 2^{-n-1} \quad \text{ならば} \quad \eta_n(x)=\eta_n(2^{-n}k)=\mu_n(2^{-n}k)$$

となる．よって

$$\begin{aligned}|\eta_n(x)-\varphi(x)| &\leqq |\eta_n(x)-\varphi(2^{-n}k)|+|\varphi(2^{-n}k)-\varphi(x)| \\ &=|\mu_n(2^{-n}k)-\varphi(2^{-n}k)|+|\varphi(2^{-n}k)-\varphi(x)|\end{aligned}$$

が成り立つことがわかる．右辺は $n \to \infty$ のとき 0 に収束するから

$$\eta_n(x) \to \varphi(x) \quad (n \to \infty)$$

となる．

定理の後半（$\{V_j\}_{j \in Z}$ が MRA となること）の説明は省く．　□

本章で述べた事柄について，詳しくは次の文献を参照されたい．6.1 節〜6.3 節については，猪狩（1996），伊藤（1964）を，6.4 節については，伊藤・小松（1997），Grenander（1981），Xie（1993），Yaglom（1987 a, b）等を見られたい．6.5 節で述べた定理については Grenander（1981），Xie（1993），Yaglom（1987 a, b）の中で証明とともに詳しく述べられている．6.7 節については Härdle et al.（1998），Triebel（1992），Wojtaszczyk（1997）が参考となる．6.10 節は Daubechies（1992）による．

付章 参考文献

猪狩　惺 (1996)：実解析入門. 岩波書店.

伊藤清三 (1964)：ルベーグ積分入門. 裳華房.

伊藤・小松偏 (1997)：解析学の基礎. 岩波書店.

ヘルナンデス・ワイス (芦野隆一他訳) (2000)：ウエーブレットの基礎. 科学技術出版.

Abry, P. Gonçalvés, P. and Flandrin, P. (1995) : Wavelets, spectrum analysis and $1/f$ processes. In : Wavelets and Statistics, Springer-Verlag.

Akansu, A. and Haddad, R. (1992) : Multiresolution Signal Decomposition. Academic Press.

Allan, D. W. (1966) : Statistics of atomic frequency clocks. Proc. IEEE, **54**, 221-230.

Antoniadis, A. and Oppenheim, G. (eds.) (1995). Wavelet and Statistics, Springer-Verlag, New York.

Aronszajn, N. (1950) : Theory of reproducing kernels. Trans. Amer. Math. Soc., **68**, 337-404.

Beylkin, G., Coifman, R. and Rokhlin, V. (1991) : The fast wavelet transform. In : Wavelet and Their Applications, Ruska, M. et al. (eds.), pp. 181-210, Jones and Bartlett, Boston.

Brillinger, D. R. (1981) : Time Series : Data Analysis and Theory. Holden-Day, New York (Second edition).

Brillinger, D. R. (1996) : Some uses of cumulant in wavelet analysis. Non-parametric Statist., **6**, 93-114.

Bruce, A. G. and Gao, H. Y. (1995) : Waveshrink : shrinkage functions and thresholds. In : Laine, F. and Unser, M. A. (eds.), Wavelet Applications in

Signal and Image Processing III, vol. 2569, pp. 270-283, San Diego, CA. SPIE.

Cai, Z., Hurvich, C. M. and Tsai, C-L. (1998) : Score tests for heteroscedasticity in wavelet regression. Biometrika, **85**(1), 229-234.

Chan, K. S. and Tong, H. (1986) : On estimating thresholds in autoregressive models. J. of Time Ser. Anal., **16**, 483-492.

Cheng, B. and Tong, H. (1996) : A theory of wavelet representation and decomposition for a general stochastic process. Festschrift in Honour of Prof. E. J. Hannan, Lecture Notes in Statistics, vol. 115. Springer-Verlag.

Chiang, Tse-pei (1959) : On the estimation of regression coefficients of a stationary residual. Theor. Prob. Appl., **4**, 373-389.

Chui, S. T. (1991) : Bandwidth selection for kernel density estimation. Ann. Statist., **19**, 1883-1905.

Chui, C. K. (1992) : An Introduction to Wavelets. Wavelet Analysis and its Applications, vol. 1. Academic Press, Boston.

Cline, D. B. H. and Hart, J. D. (1991) : Kernel estimation of density with discontinuities or discontinuous derivatives. Math. Oper. Statist., **22**, 69-84.

Cohen, A., Daubechies, I. and Feaveau, J. C. (1992) : Biorthogonal bases of compactly supported wavelet. Comm. Pure Appl. Math., **45**, 485-560.

Dahlhaus, R. (1997) : Fitting time series models to nonstationary processes. Ann. of Statist., **25**, 1-37.

Daubechies, I. (1988) : Orthonormal bases of compactly supported wavelets. Comm. Pure Appl. Math., **41**, 909-996.

Daubechies, I. (1992) : Ten Lectures on Wavelet. SIAM, Philadelphia.

Delyon, B. and Juditsky, A. (1995) : Estimating wavelet coefficients. In : Wavelets and Statistics. Antoniadis, A. and Oppenheim, G. (eds.), pp. 151-185, Springer-Verlag, New York.

Donoho, D. L. and Johnstone, I. M. (1994) : Ideal spatial adaptation by wavelet shrinkage. Biometrika, **84**, 425-455.

Donoho, D. L. and Johnstone, I. M. (1995) : Adapting to unkown smoothness via wavelet shrinkage. J. Amer. Statist. Assoc., **90**, 1200-1224.

Donoho, D. L., Johnstone, I. M., Kerkyacharian, G. and Picard, D. (1995) : Wavelet shrinkage: Asymptopia? J. Roy. Statist. Soc. (B), **57**(2), 301-369.

Donoho, D. L., Johnstone, I. M., Kerkyacharian, G. and Picard, D. (1997) : Universal near minimaxity of wavelet shrinkage. In: Festschrift for Lucien LeCam, Torgersen, E. N., Pollard, D. and Yang, G. L. (eds.), 183-218, Springer.

Flandrin, P. (1989) : On the spectrum of fractional Brownian motion. IEEE Trans. Inform. Theory, **35**, 197-199.

Flandrin, P. (1992) : Wavelet analysis and synthesis of FBM. IEEE Trans. Inform. Theory, **38**, 910-917.

Frazier, M. and Jawerth, B. (1985) : Decomposition of Besov space. Indiana University Math. Jour., **84**, 777-799.

Gao, Hong-Ye (1993) : Wavelet estimation of spectral density in time series analysis. Ph. D. Thesis, UC-Berkeley.

Gihman, I. I. and Shorohod, A. V. (1969) : Introduction to the Theory of Random Processes. Saunders, Philadelphia.

Gladyshev, E. G. (1963) : Periodically and almost periodically correlation random processes with continuous time parameter. Teor. Veroyatn i Primen (Probability Theory and Its Applications) : **8**(22), 184-189.

Grenander, U. (1981) : Abstract Inference. John Wiley & Sons.

Grenander, U. and Rosenblatt, O. (1957) : Statistical Analysis of Stationary Time Series. John Wiley & Sons.

Hall, P. and Patil, P. (1994) : Effect of threshold rules on performance of wavelet-based curve estimators. Report SRR 013-94, Center for Mathematics and Its Applications, Australian National University.

Härdle, W., Kerkyacharian, G., Picard, D. and Tsybakov, A. (1998) : Wavelets, Approximation and Statistical Applications. Springer.

He, S. (1987) : On estimating the hidden periodicities in linear time series models. Acta Math. Appl. Sinica, **3**, 168-179.

Hille, E. (1972) : Introduction to the general theory of reproducing kernels. The Rocky Mountain J. Math., **2**, 321-368.

Huang, Su-Yun (1999) : Density estimation by wavelet-based reproducing kernels. Statist. Sinica, **9**, 137-151.

Ip, Wai-Cheung, Wong, H., Li, Y. and Xie, Z. (1999) : Threshold variable selection by wavelets in open-loop threshold autoregressive models. Statist. Prob. Letters, **42**, 375-392.

Johnstone, I. M. (1999) : Wavelet shrinkage for correlated data and inverse problems: Adaptivity results. Statist. Sinica, **9**, 51-83.

Johnstone, I. M. and Silverman, B. W. (1997) : Wavelet threshold estimators for data with correlated noise. J. Roy. Statist. Soc. (B), **59**(2), 319-351.

Kato, T. and Masry, E. (1999) On the spectral density of the wavelet transform of fBm. J. of Time Series Analysis, **20**(5), 559-563.

Kawasaki, S. and Shibata, R. (1995) : Weak stationarity of a time series with wavelet representation. Japan J. of Indus. Appl. Math., **12**(1), 37-45.

Kerkyacharian, G. and Picard, D. (1992) : Density estimation in Besov space. Statist. Prob. Letters, **133**, 15-24.

Krim, H. (1995) : Multiresolution analysis of a class of nonstationary processes. IEEE Trans. on Inform. Theory, **41**(4), 1010-1020.

Li, Y. and Xie, Z. (1997) : The wavelet detection of hidden periodicities in time series. Statist. Prob. Letters, **35**, 9-23.

Li, Y. and Xie, Z. (1998) : Wavelet function estimation involving time series. Chinese Science Bulletin, **43**(7), 553-556.

Li, Y. and Xie, Z. (1999) : The wavelet identification of thresholds and time delay of threshold autoregressive models. Statist. Sinica, **9**(1), 153-166.

Liu, G. and Di, S. (1992) : Wavelet Analysis and Applications. Xi-An University of Electrical Technology Press (in Chinese).

Liu, X. (1998) : Regressive functions estimation by wavelet approach. M. A. Thesis, Dept. of Prob. & Statist., Peking University.

Luan, Y. and Xie, Z. (1995) The wavelet detection for the jump point of signals with additive stationary noise. Technical Report. No. 29, Aug. The Inst. of Math. Statist., Peking University.

Mallat, S. (1989) : A theory of multiresolution signal decomposition: The wavelet representation. IEEE Trans. Pattern Anal. Machine Intell., **11**, 674-693.

Mandelbrot, B. B. (1982) : The Fractal Geometry of Nature. Freeman, San Francisco, CA.

Mandelbrot, B. B. and van Ness, J. W. (1968) : Fractional Brownian motions, fractional noises and applications. SIAM Review, **10**(4), 422-437.

Meyer, Y. (1988) : The Franklin wavelets (preprint).

Meyer, Y. (1993) : Wavelets: Algorithms and Applications. SIAM, Philadelphia.

Moricz, F. (1984) : Approximation theorems for double-orthogonal series. J. of Appr. Theory, **42**, 107-137.

Nason, G. P. (1995) : Wavelet function estimation using cross-validation. In: Wavelets and Statistics, Antoniadis, A. and Oppenheim, G. (eds.), pp. 261-280, Springer-Verlag, New York.

Ogden, R. T. (1997) : Essential Wavelets for Statistical Applications and Data Analysis. Birkhäuser, Boston.

Ogden, R. T. and Parzen, E. (1996) : Data dependent wavelet thresholding in nonparametric regression with change-point applications. Comput. Statist. and Data Analy., **22**, 53-70.

Percival, D. B. (1995) : On estimation of the wavelet variance. Biometrika, **82** (3), 619-631.

Percival, D. B. and Walden, A. T. (2000) : Wavelet Methods for Time Series Analysis. Cambridge University Press.

Priestley, M. B. (1981) : Spectral Analysis and Time Series. Academic Press.

Rao, M. M. (1985) : Harmonizable, Cramér and Karhunen classes of processes. In: Handbook of Statistics. Vol. 5, Hannan, E. J., Krishnaiah, P. R. and Rao, M. M. (eds.), pp. 279-310, North-Holland.

Rao, M. M. (1986) : Real and Stochastic Analysis. John Wiley & Sons.

Rozanov, Y. A. (1969) : Stationary Random Processes. Holden-Day, San Francisco.

Shapiro, J. M. (1993) : Embedded image coding using zerotrees of wavelet coefficients. IEEE Trans. Sig. Proc., **41**, 3445-3462.

Shibata, R. and Takagiwa, M. (1997) : Consistency of frequency estimates based on the wavelet transform. J. Time Ser. Anal., **18**(6), 641-662.

Shiryayev, A. N. (1984) : Probability. (GTM 95). Springer-Verlag, New York.

Strang, G. (1989) : Wavelets and dilation equations: A brief introduction. SIAM Review, **31**(4), 614-627.

Titchmarch, E. C. (1937) : Introduction to the Theory of Fourier Integrals. Oxford University Press.

Tong, H. (1990) : Non-linear Time Series Analysis: A Dynamical System Approach. Oxford University Press, London.

Triebel, H. (1992) : Theory of Function Spaces II. Birkhauser.

Unser, M., Aldroubi, A. and Eden, M. (1992) : On the asymptotic convergence of B-spline wavelet to Gabor functions. IEEE Trans. on Inform. Theory, **38**, 864-871.

Vetterli, M. and, Kovaçevic′, J. (1995) : Wavelets and Subband Coding. Prentice Hall, Englewood Cliffs, NJ.

Vidakovic, B. (1999). Statistical Modeling by Wavelets. John Wiley & Sons.

von Sacks, R. and Schneider, K. (1995) : Wavelet smoothing of evolutionary spectra by non-linear thresholding. Fachbereich Mathematik, Universität Kaiserslautern. Preprint.

von Sacks, R. and Schneider, K. (1996) : Wavelet smoothing of evolutionary spectra by nonlinear thresholding. Applied and Computational Harmonic Analysis, **3**, 268-282.

Voss, R. F. (1988) : Fractals in nature : From characterization to simulation. In : The Science of Fractal Images. Springer-Verlag.

Walter, G. G. (1992) : A sampling theorem for wavelet subspaces. IEEE Trans. Inform. Theory, **38**, 881-883.

Walter, G. G. (1997) : Wavelets and Other Orthogonal Systems with Applications. CRC Press, Boca Raton, Florida.

Wang, Y. (1995) : Jump and sharp cusp detection by wavelets. Biometrika, **82** (2), 385-397.

Wang, Y. (1999) : Change-points via wavelets for indirect data. Statist. Sinica, **9**, 103-117.

Wojtaszczyk, P. (1997) : A Mathematical Introduction to Wavelet. Cambridge University Press.

Wong, H., Ip, W-C., Luan, Y. and Xie, Z. (1997 a) : Wavelet detection of jump points in random processes (unpublished manuscript)

Wong, H., Ip, W-C., Luan, Y. and Xie, Z. (1997 b) : Wavelet detection of jump points and its application to exchange rates. Acta Scientiarum Naturalium Universitatis Pekinensis, **33** (3), 121-125. (in Chinese)

Wong, Ping Wag (1994) : Wavelet decomposition of harmonizable random processes. IEEE Trans. Inform. Theory, **39**, 7-17.

Wornell, G. (1996) : Signal Processing with Fractals : A Wavelet-Based Approach. Prentice Hall PTR, NJ.

Wornell, G. M. and Oppenheim, A. Y. (1992) : Wavelet-based representations for a class of self-similar signals with application to fractal modulation. IEEE Trans. on Inform. Theory, **38**, 785-800.

Wu, J. S. and Chu, C. K. (1993) : Kernel-type estimators of jump points and values of a regression function. Ann. of Statist., **21** (3), 1545-1566.

Xie, Z. (1993) : Case Studies in Time Series Analysis. World Scientific, Singapore.

Xie, Z. (2000) : Elementary analysis of wavelet moving average sequences. In : Proceeding of East Asian Symposium on Statistics. Hirotsu, C. et al. (eds.), pp. 87-94, University of Tokyo, Japan.

Xie, Z., Luan, Y., Wong, H. and Ip, W. C. (1997) : On the comparison of several statistical detections of jump points for the exchange rate data. In : The 4th JAFEE International Conference on Investments and Derivatives. Kariya, T. (ed.), pp. 574-587, Aoyama Gakuin University, Japan.

Yaglom, A. M. (1958) : Correlation theory of processes with stationary random increments of order n. Amer. Math. Soc. Transl., Ser. 2, **8**, 87-141.

Yaglom, A. M. (1987 a) : Correlation Theory of Stationary and Related Random Functions I. Springer-Verlag, New York.

Yaglom, A. M. (1987 b) : Correlation Theory of Stationary and Related Random Functions II. Springer-Verlag, New York.

Yin, Y. Q. (1988) : Detection of the number, locations and magnitudes of jumps. Comm. Statist. Stochastic Models, **4**, 445-455.

Zhang, Q. (1997) : Using wavelet network in nonparametric estimation. IEEE Trans. on Neur. Net., **8**(2) 227-236.

Zheng, J. (1996) : Wavelet decomposition of weak harmonizable processes. M. A. Degree Thesis, Dept. of Prob. & Statist., Peking University.

索　　引

記号一覧

$\boldsymbol{N}$	非負整数の全体
$\boldsymbol{Z}$	整数の全体
$\boldsymbol{R}$	実数の全体
$\boldsymbol{R}_+$	非負実数の全体
$\boldsymbol{C}$	複素数の全体
$\boldsymbol{Z}^d$	$\boldsymbol{Z}$ の d 個の直積集合
$\boldsymbol{R}^d$	$\boldsymbol{R}$ の d 個の直積集合
□	証明の終り
$a \triangleq b$	a を b で定義する（b を a とおく）
A'	行列またはベクトル A の転置
a.a.	ほとんどすべての
a.e.	ほとんどいたるところ；測度 0 の集合を除いて
a.s.	確率 1 で；確率 0 の集合を除いて
$\arg\{\max_k a_k\}$	$\max_k a_k$ を達成する k の値
$\chi_A(\cdot)$	集合 A の定義関数
$\langle\cdot,\cdot\rangle, \langle\cdot,\cdot\rangle_{\boldsymbol{H}}$	ヒルベルト空間 ($\boldsymbol{H}$) における内積
$\\|\cdot\\|, \\|\cdot\\|_{\boldsymbol{H}}$	ヒルベルト空間 ($\boldsymbol{H}$) におけるノルム
$L^p(\boldsymbol{R}^d)$	$\boldsymbol{R}^d$ 上で定義された（複素数値）p 乗可積分関数の全体
$^{\#}A$	集合 A に含まれる要素の個数
l.i.m.	平均 2 乗収束
$\mathrm{supp}\, f$	関数 f の台
$\hat{f}$	関数 f のフーリエ変換
$f^{\vee}$	関数 f の逆フーリエ変換
$\mathrm{Span}\, A$	$L^2(\boldsymbol{R})$ の部分集合 A について，A の要素の 1 次結合，およびそれらの L^2-極限の全体からなる集合
B, B^d	$\boldsymbol{R}$，および $\boldsymbol{R}^d$ におけるボレル集合体

和文索引

ち

て

と

な

に

の

は

ひ

ふ

欧文索引

著者略歴　謝　衷 潔 (Zhongjie Xie)
1959 年　北京大学数学科卒業
National Science Prize (1992 年)
Scientific and Technological Progress Awards (1991 年)
(他数々の賞を受賞)
現　在　北京大学 教授
数理科学部確率統計学科
主要著書　Probability. Post and Telecomunication Publishing House, 1985 (in Chinese)
Time Series Analysis. Peking University Press, 1990. (in Chinese)
Case Studies in Time Series Analysis. World Scientific, 1993.
Filtering and Its Applications. Hunan Education Press, 1998. (in Chinese) ("The National Award of Best Books in 1998" 最優秀賞を受賞)

鈴 木　武 (Takeru Suzuki)
1969 年　大阪市立大学
大学院理学研究科修士課程修了
理学博士
現　在　早稲田大学 教授
理工学部数理科学科
主要著書　数理統計学―基礎から学ぶデータ解析― (共著). 内田老鶴圃 (1996)
確率入門―モデルで学ぶ―. 培風館 (1997)

2002 年 3 月 20 日　第 1 版発行

著者の了解により検印を省略いたします

ウエーブレットと確率過程入門

著　者　謝　衷 潔
　　　　鈴 木　武
発行者　内 田　悟
印刷者　山 岡 景 仁

発行所　株式会社　内田老鶴圃　〒112-0012 東京都文京区大塚 3 丁目34番 3 号
電話 (03) 3945-6781(代)・FAX (03) 3945-6782
印刷/三美印刷 K. K.・製本/榎本製本 K. K.

Published by UCHIDA ROKAKUHO PUBLISHING CO., LTD.
3-34-3 Otsuka, Bunkyo-ku, Tokyo, Japan
U. R. No. 516-1

ISBN 4-7536-0120-X C3041